内蒙古自治区高等级公路建设施工标准化指南系列

内蒙古自治区高等级公路建设施工标准化指南

第十一分册　管理

内蒙古自治区交通运输厅
交通运输部公路科学研究所　组织编写

人民交通出版社股份有限公司
China Communications Press Co.,Ltd.

内 容 提 要

本书为“内蒙古自治区高等级公路建设施工标准化指南系列”第十一分册管理，编制目的是为了更好地规范内蒙古自治区高等级公路项目管理，提高公路工程建设项目工程质量、安全、环保和文明施工的管理水平，不断促进从业人员的整体素质和文明施工的程度。本书汲取了内蒙古自治区高等级公路施工管理中的成功经验，同时借鉴了其他省区高等级公路工程管理的科学方法，系统地从建设单位管理、设计单位管理、监理单位管理、施工单位管理、外委检测管理、工程计量管理、工程支付管理、信息管理、农民工管理等方面介绍了公路施工管理中的规范措施和管理方法。

本书适用于内蒙古自治区新建、改(扩)建高等级公路项目的建设管理，也可供内蒙古自治区公路工程各参建单位、参建人员使用。

图书在版编目(CIP)数据

内蒙古自治区高等级公路建设施工标准化指南. 第十一分册, 管理 / 内蒙古自治区交通运输厅, 交通运输部公路科学研究所组织编写. —北京:人民交通出版社股份有限公司, 2016.1

(内蒙古自治区高等级公路建设施工标准化指南系列)

ISBN 978-7-114-12937-7

Ⅰ. ①内… Ⅱ. ①内… ②交… Ⅲ. ①等级公路—道路施工—标准化管理—内蒙古—指南 Ⅳ. ①U415.1-65

中国版本图书馆 CIP 数据核字(2016)第 075938 号

内蒙古自治区高等级公路建设施工标准化指南系列

Neimenggu Zizhiqu Gaodengji Gonglu Jianshe Shigong Biaozhunhua Zhinan Di-Shiyi Fence Guanli

书　　名: 内蒙古自治区高等级公路建设施工标准化指南　第十一分册　管理

著 作 者: 内蒙古自治区交通运输厅　交通运输部公路科学研究所

责任编辑: 司昌静

出版发行: 人民交通出版社股份有限公司

地　　址: (100011)北京市朝阳区安定门外外馆斜街 3 号

网　　址: http://www.ccpress.com.cn

销售电话: (010)59757973

总 经 销: 人民交通出版社股份有限公司发行部

经　　销: 各地新华书店

印　　刷: 北京市密东印刷有限公司

开　　本: 880×1230　1/16

印　　张: 6.5

字　　数: 140 千

版　　次: 2016 年 1 月　第 1 版

印　　次: 2016 年 1 月　第 1 次印刷

书　　号: ISBN 978-7-114-12937-7

定　　价: 32.00 元

(有印刷、装订质量问题的图书由本公司负责调换)

本册编写人员

主　　编：王　骁

副 主 编：李　江　李星亮

参编人员：康爱国　周震宇　韩　磊　余胜军

陈德智　安春英　姜云花　王　杰

傅燕峰　康新胜　黄颂昌

前　言

“十二五”期间,内蒙古自治区高等级公路建设事业取得了长足发展,“十三五”期间高等级公路建设任务依然十分繁重。为进一步规范公路建设项目施工管理,提高工程管理和技术水平,确保工程质量和施工安全,提升行业文明形象,同时响应交通运输部《关于开展高速公路施工标准化活动的通知》(交公路发〔2011〕70 号)要求,并结合 2011 年推行的《内蒙古自治区高速和一级公路施工标准化管理指南(试行)》及内蒙古自治区高等级公路施工的实际情况,内蒙古自治区交通运输厅组织编写了《内蒙古自治区高等级公路建设施工标准化指南》(以下简称《指南》)。《指南》共十一分册,分别为:工地建设、工地试验室、路基工程、路面工程、桥梁工程、隧道工程、交通安全设施、房建工程、安全生产、环保、管理。

本《指南》主要依据国家、工程建设标准化协会、交通运输部及内蒙古自治区交通运输厅等工程建设主管部门发布的与公路工程建设相关的文件、标准、规范、规程、指南和行业内采取的成熟、先进的施工工艺及管理办法,以及内蒙古自治区高等级公路施工管理中的特点和先进经验编写而成。

本《指南》未提及的,请参照现行相关的标准、规范、规程、规定执行。

本分册为《指南》第十一分册管理,汲取了内蒙古自治区高等级公路施工管理中的成功经验,同时借鉴了其他省区高等级公路工程管理的科学方法。本分册共有十章内容,包括:总则、建设单位管理、设计单位管理、监理单位管理、施工单位管理、外委加工与检测管理、工程计量管理、工程支付管理、信息管理、农民工管理。本分册由内蒙古自治区交通运输厅、交通运输部公路科学研究所主编。由于编制时间和编制水平所限,书中如有不妥甚至错误之处,请广大读者不吝指正。

本《指南》可供内蒙古自治区公路工程各参建单位、参建人员使用。各盟市对其中有关的具体指标可根据实际情况进一步细化和强化要求,对未尽事宜应予以补充完善。各有关单位和从业人员在使用本分册时,如发现问题或提出改进意见,请函告内蒙古自治区交通运输厅(地址:呼和浩特市地质南街 68 号,邮编:010010,联系电话:0471-6968635,电子邮箱:bgs@ nmjt.gov.cn)或交通运输部公路科学研究所(地址:北京市海淀区西土城路 8 号,邮编:100088,联系电话:010-62079067,电子邮箱:jiang.li@ rioh.cn)。

内蒙古自治区交通运输厅

2015 年 11 月

目　　录

1 总则

1.1 目的及意义

为了更好地规范内蒙古自治区高等级公路项目管理建设,提高公路工程建设项目工程质量、安全管理、环保管理和文明施工的水平,不断促进从业人员的整体素质和施工的文明程度的提升,结合内蒙古自治区高等级公路项目管理建设的实际情况,特制定本指南。

1.2 编制依据

(1)国家、交通运输部等工程建设主管部门颁布的与公路工程建设有关的文件、规范、规程、标准和指南。

(2)内蒙古自治区交通运输厅颁布施行的有关公路施工管理的规定。

(3)工程项目合同通用条款、合同专用条款、技术规范、公路工程建设有关法规和规定等。

1.3 适用范围

本指南适用于内蒙古自治区新建、改(扩)建高等级公路(本指南“高等级公路”是指高速公路和一级公路)项目的建设管理,其他等级公路(本指南“其他等级公路”是指二级及二级以下公路)可参照执行。

1.4 基本要求

(1)参加项目的所有单位及个人,必须严格遵守国家的有关法律、法规以及交通运输部、内蒙古自治区交通运输厅所下达的相关规定和要求,严格执行合同条款,认真履行各自所对应的职责。

(2)本指南附录所列的表格均为示意表格。

(3)在使用和执行本指南过程中,应严格执行现行的相关技术标准、规范、规程、规定;在应用过程中,如有更新,应以最新发布的内容为准。本指南未提及的,请参照现行相关的技术标准、规范、规程、规定执行。

(4)工地试验室、安全生产及环保等内容要求,按本指南《工地试验室》《安全生产》及《环保》等分册执行。

2　建设单位管理

2.1　机构设置

建设单位机构(项目建设管理办公室,简称“建管办”)设置必须满足项目管理要求,一般应设计划合同部、工程技术部(含档案资料室)、质检部(一般情况应下设中心试验室)、安全环保部、财务部、综合部等职能部门,可参考图2-1。各部门应职责明确并公示,可根据具体项目的特点与需求作出适当调整。

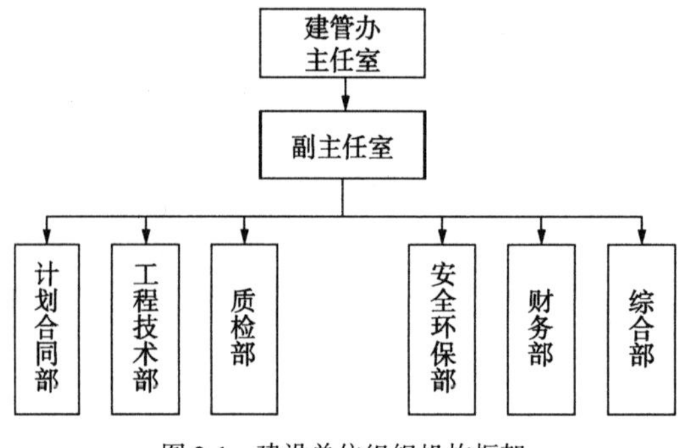

图2-1　建设单位组织机构框架

2.2　人员管理

2.2.1　一般规定

高等级公路项目建设单位的机构设置、管理机制以及人员配备,应在满足交通运输部《关于进一步加强公路项目建设单位管理的若干意见》(交公路发〔2011〕438号)文件要求的基础上,建立相应的管理制度,协调管理,做到责任落实。

建设单位各部门人员,应具有相应的专业背景和技能经验,以专业化的标准,保证工程建设的质量、进度以及施工安全,同时还应做到廉政建设。

2.2.2　人员配备

(1)建设单位应将计划、合同、技术、质量、安全、财务和纪检等职能部门的人员按照规定配置齐全,各类管理人员的配备应以工程的实际需要为原则,工程技术管理人员应不少于管理人员总数的65%,其中具有中、高级以上专业技术职称的人员应不少于工程技术管理人员总数的70%;各个岗位人员不宜兼职。

(2)根据交通运输部《关于进一步加强公路项目建设单位管理的若干意见》(交公路发〔2011〕438号)相关规定,建设单位人员应满足社会信用、职业道德、管理能力等要求。项目机构负责人,应具有中级及以上专业技术职称和相应的专业技能经验,具备2个及以上高等级公路项目的建设管理经历;技术负责人员,应具有高级及以上专业技术职称,具备2个及2个以上高等级公路项目的技术管理经历,并且熟练掌握公路工程技术标准和规范规程等;财务负责人员,应具有中级或中级以上专业技术职称,并且熟练掌握财务制度和法规,同时具备1个及1个以上高等级公路项目的财务管理经历。

(3)根据工程项目规模,应设置2位及以上建管办副主任,分工明确、权责对等;副主任应具有中级及以上专业技术职称,具备1个及1个以上高等级公路项目的建设管理经历。

(4)建设单位的负责人员以及关键岗位人员,如计划、合同、技术、质量、安全、环保等部门负责人,应具备相应岗位的专业技术和任职资格,并具有工程组织管理能力,还应有良好的组织协调能力,具备良好的职业道德。

2.2.3 人员管理

(1)在报批项目初步设计文件时,建设单位应将派驻工程现场的管理机构、管理人员及资格条件报盟市相关单位、内蒙古自治区交通运输厅核备,内蒙古自治区交通运输厅应及时对其审核。

(2)建设单位派驻工程现场的管理人员上岗时,应佩戴上岗证。上岗证上应具有姓名、工号、照片、所在部门和职务等相关信息。

(3)建设单位应定期考核、考勤各参建单位的配备人员,其中关键人员必须满勤,并出具相应的意见和措施。

(4)应对工程管理人员进行培训,每年累计不少于12d或72学时,并建立培训记录台账,及时将培训情况进行登记。

2.3 制度建设

(1)参建单位应制订有效合理的措施,确保标准化的落实到位,更好地促进公路建设的发展。

当地交通运输主管部门,应和各参建单位一起全面加强标准化的宣传工作,加强组织培训,同时组织学术交流、技术竞赛等。

(2)建设单位应根据交通运输部及内蒙古自治区交通运输厅公路建设管理的相关规定,建立项目的管理机构并配齐相应的管理及技术人员;建立相应的管理制度,并做到责任落实、规范管理。

(3)建设单位必须建立明确的项目管理办法,并公示。

(4)建设单位应挂牌明示规章制度以及岗位职责与人员分工,分工责任落实到人。

(5)应采用有利于施工的大标段招标方式,并将施工标准化纳入合同文件中。评价方法与合同条款应将施工标准化作为评价与计量的条件之一。

(6)根据国家以及自治区的相关规定,建设单位应建立项目施工标准化的评比考核制度,制订相应的奖惩措施,以利于更好地推广标准化施工与管理,形成文明良好的争优环境。建立明确的考核评比机制和奖惩措施,认真落实,监督各参建单位建立各自的考核评比机制和奖惩措施;定期对各个单位进行检查评比。

(7)建设单位及相关参建单位,应认真落实有关廉政教育及廉政建设的有关规定。

2.4 合同管理

2.4.1 建设单位合同管理

(1)建设单位应严格执行国家法律、法规及各项规章制度,严格履行合同义务。

(2)建设单位应加强对各参建单位的合同管理,从而更好地保证公路建设的质量以及进度;同时相关参建单位应建立具体的措施和惩罚制度,严格履行合同制度,严禁非法转包。

(3)建设单位应认真执行交通运输部《公路水运工程试验检测信用评价办法(试行)》(交质监发〔2009〕318号)的规定,对施工、监理单位的工作失信行为进行真实记录,并督促整改完善。

(4)认真落实上级部门所下发的文件,并结合项目自身的特点来制订管理制度和文件。

(5)建设单位应制订相对应的奖罚制度,将施工、监理的管理行为、信用评价直接与招投标挂钩,并且应按季度对各个单位进行合同、质量、安全、进度及文明施工的检查并作出总结;对优秀的单位进行奖励，对有不良现象或者表现差的单位进行惩处，但是应防止对同一个单位搞奖惩平衡。

(6)建设单位应根据国家规定交纳建筑工程劳动保险费、建设工程一切险和第三责任险。建设工程一切险、第三责任险由施工单位报价时列入工程量清单100章内，建设单位在接到保险单后，按照保险单的费用直接向施工单位支付。

2.4.2　劳务分包合同管理

公路工程施工企业劳务工，流动性大，工资、工时与工效关联度高，为了更好地规范交通基础设施建设劳务管理条例，保障劳务工的合法权益，建设单位应根据现行《中华人民共和国劳动法》《劳动保障监察条例》等有关法律法规，要求施工单位依法建立和完善劳务工管理制度，同时监理机构应负责监督制度的落实。

2.4.3　专业分包合同管理

(1)建设单位和监理单位，应分别设立相应的合同管理部门，负责施工分包的日常管理工作。

(2)建设单位应当按照相关规定和合同约定，建立健全项目分包制度，负责对分包的合同签订与履行、进度管理、质量与安全管理、计量与支付等活动的监督检查，并建立台账来制止承包人的违法分包行为，加强对施工分包活动的管理，禁止以劳务合作的名义进行施工分包。

(3)工程施工期间，建设单位应对承包人的合同履行情况进行动态管理。如果施工合同段的主要管理人员或者机械设备需要变更调整时，承包人应当及时向监理单位和建设单位提出申请，在取得同意后方可实施。

(4)承包人和分包人，应根据信用评价的相关规定相互展开评价，并将结果提交给建设单位；建设单位在核定审查后交给相关交通运输主管部门。

(5)建设单位应明确采购主体及方式来要求合同约定中统一采购的主要材料以及构配件等。分包人采购向承包人申请，得到批准后必须经过监理单位的审查及建设单位的书面同意，方可执行。

2.5　工程进度管理

(1)建设单位应根据合同条款所定制的总体进度，来制订年度计划和季度计划，并对工程各阶段的施工进度进行严格的考评，对工程进度慢的单位提出要求，既应保证质量也应保证进度；并严格地进行检测，确保工程质量第一。

(2)建设单位应建设合理的奖惩制度，创造一个良好的竞争、激励的环境，根据计划按时对各个阶段各个单位进行评比，并按时进行抽样检查。对表现好的单位进行奖励，并通报全线树立模范，要求其他工程单位进行学习；对表现差、工程进度滞后的单位进行通报批评，削减工程量，如出现屡次检查不合格的现象，可进行清退或其他严重惩罚措施，一定要确保工程进度按照计划进行。

(3)施工单位不可随意提出提前交工建议，建设单位也不可随意要求施工单位提前交工；若遇到特殊情况需将工期提前的，应具有保证质量的有效管理与技术措施，并上报主管部门，在获得批准的情况下方可实施。

(4)建设单位有权根据施工进度的需要，向施工单位提出对部分工程施工顺序及进度调整的要求，施工单位不得以任何理由、任何借口拒绝。

2.6　质量管理

2.6.1　确定质量目标

项目所有工程施工质量，必须符合国家标准、行业标准、规范和上级主管部门的指示文件，以及“合同文件"项目专用条款中"技术规范"及设计文件要求,应按照现行《公路工程质量检验评定标准》和《内蒙古自治区高速一级公路建设质量监督办法》(内交发〔2013〕134 号)评定。项目参建单位应增强质量意识、加强质量管理,确保优良工程、精品工程。

2.6.2 建立健全质量保证体系

建设单位应对整个工程项目负全部责任,应建立质量管理组织机构,制订相应的管理、组织措施;应组织有关专家对设计文件进行评审,根据合同要求提出书面建议进行完善和补充;应实时监督审查各参建单位质量保证体系的建设和运行情况。

2.6.3 制订措施,保证体系的有效运行

(1)建设单位应根据监理单位定期呈报的质量安全分析评估报告,对施工单位和监理单位的质量保证体系进行定期和不定期检查;如若发现问题,要求限期整改。

(2)将每次质量体系运行情况的检查结果通报或公示。

(3)定期由专门负责人员[专职质量负责人(一般为建管办副主任)或质检部主任]作出质量评估报告。

2.6.4 质量责任制度

(1)建设单位应根据国家和交通运输主管部门的相关规定建立健全质量安全保证体系,建立质量管理制度,落实质量岗位责任制度,做到责任到人。

(2)建设单位应根据奖惩制度对工程建设中管理混乱、履约较差、拒不整改、整改效果差、质量问题严重的施工、监理等单位予以终止合同,并清除出场,同时根据信用制度将其不良记录上报交通运输主管部门。

(3)质量责任追究,应按照《公路建设监督管理办法》(交通部令 2006 年第 6 号)、《公路工程质量管理办法》(交公路发〔1999〕90 号)的相关规定进行处理。

2.6.5 监督检查制度

建设单位应根据工程的实际情况,定期对自身质量保证体系的运行情况进行检查,并监督检查监理单位和施工单位质量保证体系的运行情况,对检查中发现的问题应采取措施,及时整改。

1)检查方式

按年、季度组织全面检查,对工程质量、安全、进度、合同履约以及环保等方面进行检查,质量检查重点放在工艺、工序及各项体系运行情况上,监理单位配合检查;对重要原材料采取不定期抽检方式。

2)检查内容

(1)对原材料的检查。工程原材料的好坏直接影响工程质量,参建单位应保证原材料的质量,加大监控力度,应防止出现送检和实际使用原材料出现不一致的现象。

(2)建设单位,应根据项目自身的实际情况,及时对材料进行抽检,应明确对各单位的抽检频率,组织不定期的抽查,必须保证实际工程材料符合标准。

(3)检查结果的反馈及处理。建设单位或监理单位应对通知书的执行情况进行跟踪审查,并对恢复整改结果进行复查。

2.6.6 竣(交)工检测管理制度

(1)建设单位在组织竣(交)工验收前,应当委托具有相关资质的交通建设工程试验检测机构进行竣(交)工质量检测,并对工程质量进行评定,将检测报告送到相应的质量监督机构进行备案。

(2)建设单位在签订委托协议前,应将竣(交)工质量检测机构的情况和工作内容等报项目主管质量

监督机构备案。

(3)独立特大桥、高等级公路工程竣(交)工质量检测,应委托通过计量认证并具有甲级或相应专项能力等级的检测机构承担。

(4)参与交通建设工程竣(交)工质量检测的试验检测机构范围,由内蒙古自治区工程质量监督局结合自治区的实际情况予以确定,并公布名录,实行动态管理,建设单位应在公布的名录范围内进行委托,在协议签订后,应出示相关检测机构。

(5)项目主管质量监督机构在对其提交的检测报告备案时,可对报告中的关键参数进行必要的监督抽检,检测费用在项目概算的竣(交)工检测费中列支。

(6)参与交通建设工程竣(交)工质量实体检测的试验检测机构与建设、施工、监理单位不得有如下关系:具有投资参股关系的关联企业;具有直接管理和被管理关系的母子公司;同一母公司的子公司;法人代表为同一人的企业。

2.7　跟踪审计管理

(1)建设单位通过招标确定主要工程施工单位后,应通过招标的方式选择社会审计组织,开展跟踪审计,直至项目竣工验收。

(2)建设单位在跟踪审计的过程中,应指定专人负责审计的协调配合工作,及时提供客观、真实、完整、有效的审计所需的资料。

(3)建设单位应与审计组织之间建立定期联系机制。对建设过程中发生的重大变更、严重影响工程造价或者工程质量的事项随时通报审计组织,邀请审计组织参加有关会议和了解有关处理方案,以保证审计工作质量。

2.8　信用评价管理

2.8.1　监理单位信用评价

监理单位评价周期为1年,应从每年1月1日起到当年12月31日止;监理工程师评价周期为3年,从第一年1月1日起到第三年12月31日止。

(1)建设单位应满足交通运输部《公路水运工程监理信用评价办法》(交质监发〔2012〕774号)的要求,完成当年项目驻地监理机构及监理工程师的初评工作,并于每年1月10日前按项目隶属关系报区、市公路质量监督局或自治区高等级公路建设开发有限责任公司。

(2)当地质监机构或自治区高等级公路建设开发有限责任公司,应当根据平时的监督记录和检查结果进行复评,并于每年1月30日前上报自治区质监局。

(3)自治区质监局应于每年2月底完成对上年度全区高等级公路建设监理机构和监理工程师的信用评价工作,并将结果上报交通运输厅,经厅内审定后,将结果在网站上进行公示,公告信用评价结果。

2.8.2　施工单位信用评价管理

建设单位应根据现行《内蒙古自治区公路工程施工企业信用评价规则实施细则》(内交发〔2013〕508号)的相关规定,每年度对施工单位进行信用评价。施工单位的信用评价内容应包括投标行为、履约行为和其他行为。

1)投标行为评价

招标人完成每次资格预审或招标工作后,应对存在不良投标行为的公路施工企业进行投标行为评价,按项目隶属关系经市交通运输局或自治区高等级公路建设开发有限责任公司审定后,随资格预审报告或评估报告一同报自治区级交通运输主管部门备案。

2)履约行为评价

建设单位应结合日常建设管理情况对参与项目工程建设的施工单位的本年度履约行为实时记录,并记入相关记录台账,每半年进行一次、每年度两次累计评价,按项目隶属关系经区、市交通运输局或自治区高等级公路建设开发有限责任公司审定后,分别于每年7月底和次年1月底之前汇总上报自治区级交通运输主管部门备案。

3)其他行为评价

其他行为以每个施工单位进行评价,且市、自治区交通运输主管部门的相关部门应对有关公路施工企业其他行为进行评价。

4)自治区级综合评价

自治区级综合评价应每年进行一次,自治区厅及相关职能部门在每年2月底前组织完成上年度在全自治区行政区域从业的公路施工企业的综合评价,确定其得分及信用等级,并在自治区交通运输厅网站上公示信用评价结果。

2.8.3 其他参建单位信用评价

其他参建单位的信用评价参考现行《内蒙古自治区公路工程施工企业信用评价规则实施细则》、交通运输部《公路水运工程监理信用评价办法》(交质监发〔2012〕774号)和交通运输部、内蒙古自治区相关文件的有关规定执行。

2.8.4 各参建单位应配合建设单位进行相关的信用评价

3　设计单位管理

3.1　人员管理

3.1.1　一般规定

勘察设计单位是指从事建设工程勘察和建设工程设计工作的单位,应按照相关规定进行勘测设计工作,在工程建设管理中负勘测设计责任。

3.1.2　人员配备

(1)勘察设计阶段。根据合同文件的要求,配备项目设计负责人和有关专业设计负责人。

(2)施工阶段。根据合同文件的要求,配备项目设计代表负责人和有关专业设计代表负责人。

3.1.3　人员管理

(1)设计单位必须根据合同要求落实到项目设计负责人和项目设计代表。若有人员变更,必须在不降低标准的前提下,向建设单位提出书面申请并征得建设单位书面同意;即使变更得到建设单位的同意,也不能免除设计单位的相应责任。

(2)设计代表在工程施工现场每月累计不得少于21d。设计代表若有其他原因需要离开,应以书面形式向建设单位请假并征得建设单位同意。

3.2　制度建设

(1)严格遵守交通运输部《加强重点公路建设项目设计管理工作若干意见》(交公路发〔2009〕458号)规定,完善项目管理制度和勘测设计工作流程及责任制度。

(2)设计单位应根据标准化的管理要求,制订对应的工程设计指南,加强设计标准化的管理,明确总体的建设目标、设计细则,重点统一桥涵、隧道等的设计标准化,消除一个项目不同设计风格的现象。

(3)设计单位,应结合工程实际,不断提高标准化的深度和广度,推荐有利于标准化施工和组织管理的设计方案,并推广成熟有效的科研成果,促进标准化的落实。

(4)设计单位加强设计技术交底及后期服务,及时掌握现场情况,确保标准化施工的设计思路、方案,能较好地在现场落实;应明确技术交底的时间和次数,并与其他参建单位进行不定期的沟通。

(5)设计单位及相关参建单位认真落实有关廉政教育及廉政建设的有关规定。

3.3　质量管理

3.3.1　建立健全质量保证体系

设计单位应根据建设单位的目标要求,建立质量管理机构,制订设计目标及措施并落实,应加强设计后续服务,及时进行设计的优化,使施工按照设计的要求合理进行,保证现场施工与设计的一致性。

3.3.2 制订相关措施,保证体系的有效运行

设计文件初步形成后,设计单位应组织专业技术人员先进行内审,如发现问题应再次进行修改完善;建设单位应委托具有相关资质的专业机构进行咨询审查,根据审查意见做进一步的修改完善;在项目实施过程中,设计单位应按照合同规定派参与设计的主要技术人员现场驻点跟踪服务,实时检查现场施工工程实体与设计的一致性、施工工艺与设计要求的符合性、地质情况与勘测结果的吻合性,及时完善、优化设计,向建设单位提出书面建议,及时按照规定程序办理变更设计事宜;应对建设单位、施工单位、监理单位在施工图会审中提出的问题和疑问进行认真的研究,提出相应的解决办法,并以书面的形式进行答疑。

设计单位应根据事前指导、事中、事后检查的三环节管理原则,确保质量保证体系的有效运行。

3.3.3 质量责任制度

(1)勘察、设计单位必须按照工程建设强制性标准和有关技术规范进行勘察、设计,并对其勘察、设计的质量负责。

(2)设计单位应主动接受交通运输主管部门或受其委托的质量监督机构对其承担设计工作的资格和质量保证体系的监督检查。

(3)设计单位必须建立健全质量保证体系,加强设计全过程的质量控制,建立完整的设计文件编制、复核、审核、会签和批准制度;严格履行工作程序,坚持按程序办事;明确各级质量责任,实行质量终身负责制。

(4)质量责任追究:

①勘察、设计有违反规定的,按照《建设工程质量管理条例》(国务院令2000年第279号)给予处罚;

②设计文件不符合有关规定要求,造成质量事故的,对设计单位进行通报批评,责令停业整顿,并追究有关责任人员的责任。

4　监理单位管理

4.1　机构设置

对规模较大、施工难度高的项目，监理单位机构设置必须满足合同约定和工程实际需要，一般应设置两级监理机构，即总监理工程师办公室（总监办）和驻地监理工程师办公室（驻地办）。总监办应设置计划合同部、工程技术部、质检部、安全环保部、中心试验室、综合办公室、资料档案室及若干专监组等职能部门；驻地办应设置计划合同部、综合办公室、工地试验室、资料档案室、测量专监组、质量专监组、安全专监组、环保专监组等职能部门，可参考图 4-1、图 4-2。各部门应职责明确并公示，可根据具体项目特点与需求作出适当调整。

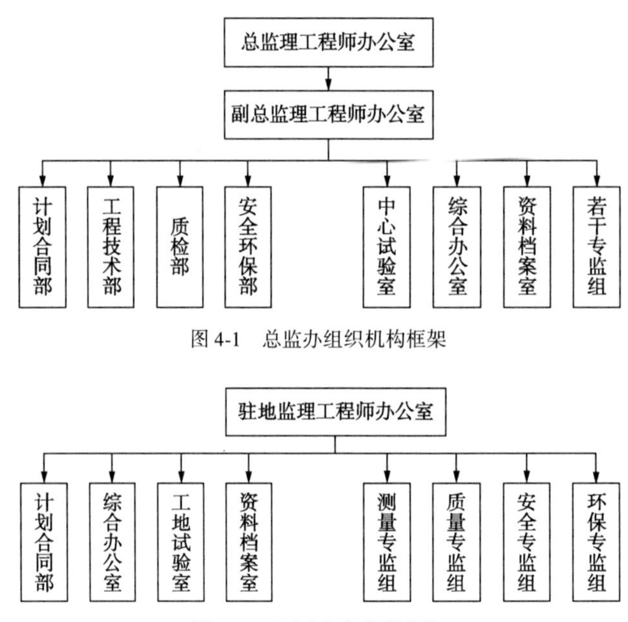

图 4-1　总监办组织机构框架

图 4-2　驻地办组织机构框架

4.2　人员管理

4.2.1　一般规定

监理单位的管理机制、机构设置、人员配备，应满足合同文件的要求及工程实际需要，按交通运输部现行《公路工程施工监理规范》（JTG G10—2006）、《内蒙古自治区公路水运工程监理工程师登记管理制度（试行）》（内交发〔2014〕648 号）等要求，加强组织领导，强化程序和过程监理，建立健全管理体系、规范制度、落实责任。

4.2.2　人员配备

（1）根据合同约定以及工程实际的需要，监理单位人员的数量和机构一般应配置总监理工程师、副总监理工程师、安全监理工程师、专业监理工程师、监理员以及监理单位工地试验室主任、试验员等。

(2)总监办应配置1名总监理工程师、1名及以上副总监理工程师和若干名专业监理工程师。总监理工程师应具有相应专业的高级技术职称、5年以上的现场工程监理经历、担任过2项及以上同类工程的驻地监理工程师或总监理工程师职务。

(3)驻地办应配备1名驻地监理工程师和若干名专业监理工程师。驻地监理工程师应具有相应专业的中级或以上技术职称、同类工程3年及以上的监理经历。

(4)专业监理工程师应按照对工程实施有效监理的原则,根据监理内容、工程大小及类别配备。每年每5 000万元建安费宜配备交通运输部核准资格的监理工程师1名;独立大桥、特长隧道工程每年每3 000万元建安费宜配备交通运输部核准资格的监理工程师1名。

(5)具有自治区级交通运输主管部门批准的监理员执业资格者,经聘任和岗位登记,可在公路工程中担任监理员岗位职务。另外,监理合同工程师必须有交通运输部核发的造价工程师证。

(6)具有交通运输部工程质量监督局核发的试验检测师证书者,经聘任和岗位登记,可在各等级公路工程中担任试验检测专业监理工程师或试验室主任岗位职务。

(7)具有自治区质监局核发的助理试验检测师证书者,经聘任和岗位登记,可在各等级公路工程中担任试验检测监理员或试验员岗位职务。

(8)总监理工程师、副总监理工程师、安全监理工程师、工地试验室主任等关键岗位人员必须是本单位员工,且必须在本单位工作3年以上,并有社保等证明材料。如需人员变更,应提前1个月向建设单位提交申请报告。

(9)监理单位聘用非本单位正式员工人数不得高于总人数的50%。

4.2.3 人员管理

(1)监理单位派驻到项目所在地的总监理工程师、副总监理工程师及重要岗位监理人员,必须常驻现场,并且由建设单位每月定期进行考勤考核,并记录。

(2)所有监理人员应进行信息化管理,上岗时应佩戴上岗证,上岗证应包括人员姓名、照片、工号、所在部门(监理组)、职务等相关信息。此外,对所有监理人员进行信息化管理,不允许随意变动,如需变更,应经项目建设单位批准。

(3)监理人员应满足合同要求,并持有相关主管部门核发的证书方可上岗。

(4)监理人员培训每年累计不少于12d或72学时,并建立培训记录台账,及时将培训情况进行登记,报建设单位备案。

(5)监理单位相关技术人员与试验仪器必须通过建设单位组织的实际操作(现场模拟试验)能力及理论知识的考核,达标后方可正式上岗和投入使用。

(6)若监理人员有特殊原因需要变更时,其变更后人员的资质不得低于被代替人员,并且应得到建设单位的认可。总监理工程师、副总监理工程师、专业监理工程师的调换率不得高于专用条款中的规定比例。

4.3 制度建设

(1)根据交通运输部现行《公路工程施工监理规范》(JTG G10—2006)的规定和要求,配足资源并制订现场监理机构的工作制度,应明确工作内容、工作权限和岗位职责,建立监理考核激励机制。

(2)为更好地发挥监理工程师在质量、安全等管理方面的重要作用,并加强监理人员的现场管理和职业道德教育,按照标准化管理要求将监理工作进行分解,细化为检查内容、检查方法、检查程序,并纳入监理人员工作手册和监理实施细则;同时,监理单位必须建立明确的项目监理实施细则,并应公示。

(3)根据施工标准化的实施方案和合同要求,加强对施工单位驻地建设、施工组织、工艺方案和施工质量等的监理工作,督促施工单位落实各项工作,确保施工标准化的有序进行。

(4)监理单位必须对隐蔽工程建立专项检查制度,报备建设单位并告知施工单位。

(5)监理单位及相关参建单位认真落实有关廉政教育及廉政建设的有关规定。

4.4　合同管理

4.4.1　监理单位合同管理

(1)监理单位同建设单位签订监理合同后,应按照合同的标准选择驻地,并将驻地建设规划上报建设单位,按照相关批准建设驻地及试验室。

(2)按照合同的要求配备人员和设备,建立健全相应的现场监理机构、管理体制,保持监理人员的稳定,确保对工程的有效监理。

(3)监理单位应建立相应的请假制度,监理人员如有其他原因需要离开,必须严格执行请假制度;主要负责人申请离开必须征得建设单位的批准,且返回工地后应进行报到销假。

(4)监理单位应根据工程实际情况,制订切实可行的监理工作大纲和具体的实施细则。对控制性工程均应制订专项质量、进度计划、安全控制措施。对特殊施工工艺、关键工序应制订监理旁站检测制度。

(5)监理单位应定期对施工单位主要管理人员、技术人员进场履约情况进行检查。

(6)监理单位应加强对施工现场的管理,及时巡查、检测施工项目,对发现的不规范行为应及时制止,并发出书面通知限期整改,对不执行监理指令的行为应及时书面汇报建设单位。

(7)监理单位应加强对内业资料的管理,出具真实试验抽检资料;及时填写监理日志;认真记录每天的工程监理情况,如实反映施工过程中存在的问题以及整改情况。

(8)监理单位应及时审查计量与支付。

4.4.2　劳务分包合同管理

监理单位应负责对进入施工现场的劳务分包企业的资质、劳务分包合同及作业人员岗位证书进行审查,并监督检查企业是否存在转包、违法转包和非法挂靠等违法违规行为。

4.4.3　专业分包合同管理

监理单位应按照相关规定和合同约定,对所监理合同段的施工分包活动负责管理,若发现承包人的违法行为应进行制止,并上报建设单位。

4.5　工程进度管理

(1)监理单位应对施工单位上报的施工组织设计、各个阶段的施工进度计划进行审批,审批通过后将最后的进度计划上报建设单位进行备案。

(2)监理单位应督促和指导施工单位加强进度计划的落实。对于工程进度滞后的单位应及时组织监理、施工人员进行讨论分析,解决影响施工进度的各类问题,并将有关问题及时上报建设单位。

(3)总监理工程师应事先征得建设单位的同意,按照规定签发开工令;同时,监理工程师应该在第一次工地会议上,提供有关监督控制工程进度计划方面的一整套报表和相关规定。

(4)监理单位应加强对工程进度管理的力度,对施工过程中存在的进度问题随时进行指导和调整,应认真落实监理职责。

(5)监理工程师应每半个月检查一次月进度计划完成情况,每个月检查一次年进度计划完成情况;如果发现施工现场的组织安排、施工顺序、人力和设备资源配置与计划进度方案有较大不一致时,应要求施工单位对人力和设备资源配置、现金流动计划予以调整,调整后的设备资源配置应符合计划进度要求,保证满足合同工期的要求,同时应将情况及时向建设单位汇报。建设单位若有新的指示,应满足计划进度和合同工期的要求,按建设单位的指示执行。计划进度的考核以关键线路节点控制完成量为主。

(6)监理单位应在每月月底前向建设单位提交一份监理月报。月报的内容应详细说明本月的主要工作内容和措施以及有效施工天数、施工中出现的主要问题和建议以及下个月的工作计划。

4.6 质量管理

4.6.1 建立健全质量保证体系

监理单位应结合工程过程中的实际情况建立质量管理机构,根据建设单位确定的质量目标,制订"监理规划"和"监理实施细则",报备建设单位并告知施工单位,确保达到施工质量的目标。监理单位对工程质量负监理责任。

4.6.2 制订措施,保证体系的有效运行

(1)监理单位应建立各项检查、抽查巡视、旁站制度,责任层层落实到个人,报备建设单位并告知施工单位。

(2)应保证监理日志、巡视、旁站等记录资料的及时、真实和齐全性。

(3)监理单位应对施工单位出具的质量分析评估报告进行及时分析和研究,并提出审查意见。

(4)监理单位应结合日常的监理工作和工程实际进展情况,每月定期形成所监项目的质量评估报告并上报建设单位,供其参考、分析和决策。

4.6.3 质量责任制度

(1)监理单位不得转让工程监理业务。

(2)监理单位必须接受交通运输主管部门及质量监督机构对其监理资质、监理质量保证体系及监理工作质量、监理人员资格及在岗情况的监督检查,配合质量监督行政执法工作,随时提供真实的相关资料。

(3)监理单位必须严格按照有关公路建设的法律、法规、规章、技术标准、行业规范、设计文件、施工承包合同来履行监理服务合同,代表建设单位对施工质量、进度、费用和施工承包合同执行情况实施监理,并对施工质量承担监理责任。监理单位禁止滥用职权,应遵纪守法,不得损害建设单位和施工单位的利益。

(4)监理单位必须以所承担的监理任务和监理服务合同的要求为基础,建立相应的现场监理机构,健全工程监理质量保证体系。

(5)监理单位应按照合同的要求和工程实际的需要向施工现场派驻相应数量并具有相应资格的监理人员,配备必要的设备,确保对工程质量的有效监控。

(6)监理现场应根据合同要求和工程实际需要设置经过资质单位认定合格的独立试验室,必须配备相应的检测、通信、交通工具等设备。必须按照国家的有关规范、规程规定的方法,独立进行抽检,并满足规范、规程所规定的抽检频率,严禁出现施工单位代检、代写等一系列对工程质量造成隐患的弄虚作假现象。

(7)监理单位的人员禁止向施工单位介绍施工队伍、建筑材料和仪器设备、禁止滥用职权谋取不正当利益。

(8)质量责任追究:监理单位必须严格遵守《建设工程质量管理条例》(国务院令 2000 年第 279 号)、《公路建设监督管理办法》(交通部令 2006 年第 6 号)、《公路工程质量管理办法》(交公路发〔1999〕90 号)、《公路、水运工程监理工程师资质管理办法》(交基发〔1996〕29 号)、《内蒙古自治区公路水运工程监理工程师登记管理制度(试行)》(内交发〔2014〕648 号)等文件的相关规定。

4.6.4 监督检查制度

监理单位首先应保证自己的质量保证体系正常稳定的运行，定期或者不定期地对施工单位的质量保证体系的运转情况进行监督检查，确保体系的正常运转，保证工程质量。

监理单位如果发现施工单位的质量保证体系出现问题不能正常运转，应及时商讨解决办法，通过下发通知或会议等方式使其正常化。

4.6.5 汇报制度

监理单位应定期向建设单位的相关部门书面汇报自身体系的运行情况和对施工单位体系运行的监督检查情况。

4.6.6 检查制度

1）检查方式

监理单位应积极配合上级单位的每次检查，还要每月对工程质量、安全、环保、进度等各方面进行检查，同时采取日常巡视、现场抽查等多种方式对施工工艺、工序进行随时检查，并对每次检查做出书面评估报告，明确报告负责人。

2）检查内容

（1）对原材料的检查。

监理单位应根据施工单位的报检资料，按照规范规定的试验频率做好抽检、平行试验等工作，必须对材料进行严格把关，并建立相应的抽检、试验台账等。监理工程师对某种材料质量发现有疑问或问题时，应随时进行抽检。对于故意、恶意以劣质材料代替优质材料等一系列造假现象、并对工程质量造成不利影响的行为，监理单位应立刻上报建设单位，做出严肃处理。

（2）隐蔽工程检查制度。

重要隐蔽工程（由各方协商确定）施工时，监理人员必须进行旁站监理，以消除影响工程质量的不利因素。

监理工程师应在规定时间内对隐蔽工程做现场质量检查，确保所有质量参数符合设计和有关规范的要求。

隐蔽工程施工时，若施工单位技术员、施工员不满足要求时，监理单位有权不同意现场施工。

当隐蔽工程或其他一些重要工序完成后，施工单位应先进行自检，合格之后填写隐蔽工程报验单上报监理工程师；监理工程师应对将覆盖或掩蔽的工程的任何部分进行检查、测量和验收。施工单位在没有得到监理工程师的批准认可时，不得将工程的任何部分覆盖、掩蔽或修饰，不可以进行下一道工序。

当重要的隐蔽工程或重要工序完成后，监理工程师应请建设单位、设计代表参加验收。

对某些没有能力检测的隐蔽工程项目，监理单位则必须请具有相关资质的检测单位进行检测。

隐蔽工程的施工、监理等有关资料应及时整理、签认、归档，必须留有照片，必要时应留有录像资料。

3）检查结果的反馈和处理

监理单位的检查结果应以书面形式同时发给施工单位和建设单位。

5 施工单位管理

5.1 机构设置

施工单位项目部机构的设置，应满足现场管理的要求，应设置计划合同部、工程技术部、质检部、安全环保部、物资设备部、财务部、综合办公室、工地试验室、资料档案室等职能部门，可参考图5-1。各部门应职责明确并公示，可根据具体项目特点与需求作出适当调整。

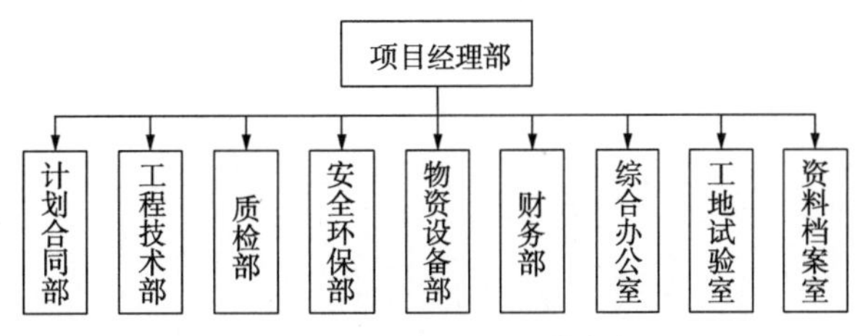

图5-1 施工单位组织机构框架

5.2 人员管理

5.2.1 一般规定

施工单位应根据合同文件的要求进行机构设置和人员配备，并建立健全质量、安全、环保、廉政管理体系和管理制度，并落实责任到人。

5.2.2 人员配备

(1)施工单位应根据合同文件以及工程实际的需要，配置主要负责人、各部室负责人以及其他人员，配置人员资质、数量应满足国家的有关规定和现场管理与施工需要。施工单位主要管理与技术人员应有至少3年的社会保险以及缴税证明。

(2)施工企业主要负责人应持有有效的交安A类证书。

(3)施工单位的项目经理应具有中级或中级以上的专业技术职称，并持有注册建造师证书(或相应资格证书)，具有2个及2个以上的高等级公路项目建设的管理经历，并持有有效的交安“三类人员”B类证书。

(4)项目总工程师应具有高级或高级以上专业技术职称，具备2个及2个以上高等级公路项目的建设管理经历，熟练掌握公路工程技术标准、规范和规程等，并持有有效的交安“三类人员”B类证书。项目总工程师或试验室主任应兼任项目副经理，便于工程质量协调管理。

(5)施工单位专职安全管理负责人应具有初级或初级以上的专业技术职称，并具有2年及2年以上的公路施工安全生产经验，并持有有效的交安“三类人员”C类证书。专职安全员根据工程规模(每5 000万元宜配备1名，不足5 000万元按5 000万元计)及相关规定配备，并满足工程需要。

(6)按照对工程实施有效管理的原则，项目部应根据工程内容、大小及类别配备相应的专业工程师，并满足合同文件约定及工程实际需要。

(7)施工单位中非母体机构委派的本单位正式聘用人员数量不得高于总人数的50%。

(8)项目经理、项目总工、工地试验室主任及安全负责人等关键岗位人员必须是本单位员工,且必须在本单位工作3年以上,并有社保等证明材料。如需人员变更,应提前1个月向建设单位和监理单位提交申请报告。

5.2.3　技术人员管理

(1)施工单位应进行相应的信息化管理,所有人员上岗时都应佩戴上岗证,上岗证上应具有人员姓名、工号、照片、所在部门、职务等相关信息。

(2)质检员、试验员、安全员、测量员等技术人员应满足合同要求,并持有相应主管部门核发的证书方可上岗;同时,上岗前应经过监理工程师组织的考核,考核合格后报建设单位批准。

(3)施工单位应对所有技术人员进行满勤考核并记录,如有特殊情况需向项目经理书面形式请假,批准后方可离开。

(4)技术人员进行培训每年累计不少于12d或72学时,并建立培训记录台账,及时将培训情况进行登记,报监理工程师备案。

5.2.4　劳务人员管理

1)一般要求

(1)施工单位应根据工程项目的规模、特点,结合工程实际,确定劳务队组建方案、设置方式及设置数量,并报项目建设单位及监理单位备案。

(2)劳务队实行准入制。项目部作为组建劳务队的责任主体,负责对劳务队进行岗前培训,监理单位负责进行考核,确保对施工现场所有劳务作业人员实施有效监管。

(3)隧道、(特)大桥、预制场、悬臂浇筑及支架现浇梁式桥等重点工程劳务队应经项目建设单位(或监理单位)考核批准方可进场施工。一经批准,应保持劳务队和作业人员的稳定、完整,未经批复不得随意更换。

(4)所有劳务人员的年龄均应满足法律规定,且身体健康,可以适应相关工作的条件;重点工程的劳务队长应是分项工程的现场施工负责人,必须掌握相应岗位的施工工艺、技术标准、操作规程及验收标准,并熟悉相应的基础理论知识;同时具备一定的实际操作水平,能够带领工人按照设计及规范要求进行施工。监理单位应对劳务队长及其主要管理、技术人员进行理论知识和实际操作考核,考核合格后,报项目建设单位批准方可持证上岗。

(5)特殊工种必须具有国家有关部门颁发的资格证书(件),上岗前项目部必须进行相关作业的培训和安全技术交底,并经监理单位考核合格后,颁发项目上岗证,持证上岗。特殊工种应实行定岗定人制度,不允许随意变动,如需变更,应报监理工程师批准。

(6)农民工上岗前,项目部必须进行相关作业的培训和安全技术交底,并报监理单位备案。

2)劳务队管理

(1)必须明确劳务队长、工班长等主要劳务人员职责。所有劳务人员作业时都应按要求佩戴规定的防护用品(如安全帽、水鞋、手套、口罩等),所有人员必须严格遵守安全操作过程。

(2)项目部必须明确对每个劳务队管理的直接负责人、技术人员和安全员,实行直线式管理,执行一线技术交底,并对技术交底材料存档;对关键工序必须进行全程跟踪负责。

(3)施工单位应根据《中华人民共和国劳动法》明确劳务人员的合同关系,对所有劳务人员进行信息化管理,登记造册,建立流动档案管理;所有劳务人员作业时必须按照要求佩戴规定的、合格的劳动防护用品,并严格遵守安全操作规程。

(4)对所有劳务人员定期进行身体检查以及安全、技术、文化等培训,提高作业班组人员的职业素质;统一参加“农民工意外伤害保险”。

(5)所有劳务人员均必须进行满足相关规定的培训(岗前培训、在岗培训、转岗培训及特殊工种培训)教育。新进劳务人员进入新的施工现场、转入新的岗位或脱岗后重新上岗的,施工单位应对其进行安全生产培训考核,考核通过后方可上岗。

(6)每年对所有劳务人员进行不少于2次的安全教育培训并进行考核,考核通过者方可上岗,并将教育培训情况记入个人业绩档案。若采用新技术、新工艺、新设备或者新材料时,应先对作业人员进行安全生产培训,避免出现安全事故。

(7)施工单位应建立起劳务工工资保证金制度,保证劳务工的工资实时、无拖欠发放到位。将每月劳务人员特别是农民工工资发放情况上报(如银行汇单或收签表),作为建设单位下月计量支付的条件之一。

3)各类施工技术交底

(1)施工技术交底由项目总工就工程作业工序、工艺和质量标准、注意事项向项目部直接负责人、技术负责人、劳务队长、工班长进行书面技术交底;项目部的施工工点技术负责人向劳务队全体一线施工人员进行书面技术交底。书面技术交底资料应归类存档备查。劳务队长、工班长应在实施作业前对班组作业人员进行工作、质量交底和至少2次不定期沟通,项目部直接责任人或技术负责人监督执行。

(2)安全技术交底由项目部专职安全员、技术人员就各个工序、各工种安全施工的技术要求,包括施工作业安全措施、安全操作规程、重大危险源及防范措施等,向施工作业班组、作业人员作出详细说明,并由双方签字确认,存档备查。

(3)建立劳务人员各项培训及交底记录台账,及时将培训及交底情况进行登记,将影像图文资料归类存档,并报监理工程师备案。

(4)对于管理水平低、施工质量差、质量(安全、环保)意识差、不服从项目管理或监理的劳务队,建设单位或监理单位项目工程师或监理工程师应责令项目部限期将劳务队清除出场,由此引起的一切责任问题由项目部独自承担。

5.3 制度建设

(1)施工单位是高等级公路施工标准化的主体单位,应将现场施工标准化作为管理的核心,严格遵守公路建设项目的施工技术管理规定及规范。

(2)施工单位应按照施工标准化的要求和合同文件建立相应的制度,应包括全过程、全方位、全覆盖的施工现场管理、技术管理、质量管理、安全管理、人员管理等制度。此外,施工单位应根据实际情况制订标准工法和考核标准,建立"横向到位、纵向到底、控制有效"的质量自检体系,执行"自检、互检、交接检"的作业程序,并完善自检制度。

(3)施工单位应结合自身的施工能力和技术优势具体落实施工标准化的各项要求,积极采取有利于标准化落实的组织方式和工艺流程,加强工地建设、工艺控制、人员管理和内业资料管理;并应具体落实对施工一线操作人员的培训,确保工程安全有效地进行。

(4)对冬休期在工地值班人员,必须做好相关安全教育(包括人身安全、财产安全、工程安全等),安全防护设备齐备,建立定期与总部联系汇报制度。

(5)施工单位及相关参建单位,应认真落实有关廉政教育及廉政建设的有关规定。

5.4 合同管理

5.4.1 施工单位合同管理

(1)施工单位和建设单位签订合同后,施工单位应积极开展施工准备工作并上报驻地建设规划,待驻地建设规划得到监理工程师及建设单位批准后,应按批准的规划要求建设驻地。

(2)施工单位应承担合同义务并严格遵守合同要求,确保施工质量、安全生产、合同工期、资金管理、劳务工工资发放等目标任务顺利实现。

(3)施工单位应建立健全各项管理制度,周密地制订各项突发事件应急预案,建立标准化施工档案,建立环保、文明施工、质量安全管理、安全生产管理档案,接受上级部门的检查。

(4)施工单位应根据合同约定及工程实际需要派驻项目经理部主要人员,一般不可更换。如果有特殊情况,需要变更管理、技术人员的,必须按照合同规定的程序征得建设单位、监理工程师的同意后方可更换。更换人员的资质应满足合同的最低要求。

(5)施工单位项目经理、总工,如有需要离开工地时,必须向建设单位或监理单位请假,得到批准后方可离开工地;返回工地后还需报到销假。

(6)主要工程机械的数量及进场应符合合同文件的要求及工程实际需要。

(7)施工单位要加强财务管理,严格执行国家有关财务管理制度,不得以任何形式套取现金,且工程款严禁挪用,应专款专用。

(8)施工单位应根据合同规定要求,严格履行监理程序,及时准确地上报各种财务报表,应做到各种档案管理规范。

(9)施工单位可直接招用农民工或直接将劳务作业分包给具有劳务分包资质的劳务分包人;施工单位直接招用农民工的,应对农民工依法签订劳动合同,并对劳务工实施动态管理,上岗前应登记,下岗后需注销。施工单位应和劳务分包单位一同按照合同规定要求按时准额支付劳务资金。

(10)施工单位必须保护好劳务工的利益,确保其劳务安全,保证工资按时准额发放到劳务工手中,并建立起保障劳务工工资保证金制度。

(11)施工单位应建立《合同文件登记台账》,并将签订的各类合同根据类别分类存档,同时做好合同管理分析、合同交底、合同控制工作。

(12)施工单位应为施工现场从事危险作业的人员办理意外伤害保险,意外伤害保险费由施工单位支付。实行施工总承包的,由总承包单位支付意外伤害保险费。意外伤害保险期限自建设工程开工之日起至工程完工止。

5.4.2　劳务分包合同管理

(1)施工单位严禁随意雇用零散劳务人员,可将劳务分包作业分包给具有相应劳务分包资质的建筑工程劳务分包企业,禁止将劳务分包业务分包给无资质、不成建制的企业或人员。

(2)施工单位应在一个公平竞争的环境中,择优选择相关资质较好的建筑工程劳务分包企业。建筑工程劳务分包企业必须在相应资质规定的范围内,承接相应专业分包工程。

(3)施工单位应以质量、安全、诚信等条件为依据,落实选择建筑工程劳务分包企业。

(4)施工单位和建筑工程劳务分包企业二者都必须以现行《中华人民共和国合同法》为基础,在劳务分包队伍进场施工前签订正式的劳务分包合同。合同中应按照国家及内蒙古自治区的有关规定,明确约定劳务费、工程的施工及验收标准、双方的权利和义务等内容。

(5)劳务分包合同签订后,应到建设单位登记备案。

(6)建筑工程劳务分包企业从事劳务分包作业时,应设立项目管理机构,并接受施工承包企业及专业承包企业的现场管理,且必须配备劳务负责人及技术负责人。建筑工程分包企业按照劳务分包管理的约定,对施工承包企业及专业承包企业负责。

(7)施工单位的职责是对建筑工程分包企业的现场管理、质量和安全负责。若建筑工程分包企业存在违反劳务分包合同、不能保证施工质量和施工安全等现象的,施工单位有权对其进行辞退;施工单位有权利向行政主管部门查询工程劳务分包企业的有关情况。施工单位应严格履行分包合同,按合同的约定及时结算劳务分包费用;并应主动协助相关部门对建筑工程劳务分包企业的质量、安全施工进行调查处理;督促建筑工程劳务分包企业做好劳务人员的质量、安全、文明施工、社会治安等方面的教育管理工作;还应为建筑工程劳务分包企业的现场劳务人员提供必要的工作、生活条件。

(8)建筑工程劳务分包企业有权向行政主管部门查询劳务发包企业及分包工程的有关情况,有权利选择劳务发包企业;应按约定对施工单位负责,严格履行劳务分包合同;接受施工单位的现场管理;加强企业的内部管理,做好劳务所属人员的质量、安全、文明施工、社会治安等方面的教育和管理工作;应按照规定与所招的劳务人员签订“劳动合同”,并依法为其缴纳有关社会保险;还应负责劳务人员上岗前的技术、安全等各方面的培训工作,为劳务人员提供必要的工作、生活条件;应优先保证劳务人员的工资发放,保证他们的切身利益,不得有拖欠行为。

5.4.3 专业分包合同管理

(1)建筑工程劳务分包企业,应设立项目管理机构对所承包或分包工程的施工活动实施管理。项目管理机构应当具有与承包或分包工程的规模、技术复杂程度相适应的技术、经济管理人员,其中项目负责人和技术、财务、质量、安全等主要管理人员必须是本单位人员。

(2)公路工程项目应实行合同考核确认,应以此来认定进场施工队伍与所签订合同承包人主体的符合性,并作为动员预付款拨付和工程开工的前提条件。在进场初期,合同段项目部应按要求及时提交合同考核确认表,经单位核查,报建设单位确认。

(3)承包人和分包人应参照内蒙古自治区制定的公路工程施工分包合同统一格式,依法签订分包合同,并履行合同约定的义务。分包合同必须遵循合同的各项原则,满足承包合同中质量、安全、进度、环保以及其他技术、经济等要求。承包人应在分包工程实施前,将监理单位审查后的分包合同报建设单位备案,未经备案同意的分包合同不得实施。

(4)总包人应当建立健全相关分包管理制度和台账,对分包工程的质量、安全、进度和分包人的行为等实施全过程管理,按照《内蒙古自治区公路水运工程施工分包管理实施细则》规定和合同约定,对分包工程的实施向建设单位负责,并承担赔偿等责任。分包合同不免除承包合同中规定的承包人的责任或义务。

(5)根据分包合同的约定,分包人应组织对分包工程的施工,对分包工程的质量、安全和进度等实施有效控制。分包人应对其所承包的工程向承包人负责,承包人则就所分包的工程向建设单位承担连带责任。

(6)承包人可以通过要求分包人提供履约担保的方式,来确保合同的履行。当分包人提供担保后,如果要求承包人同时提供分包工程款担保,承包人也应当予以提供。

(7)承包人和分包人都应依法缴税,承包人若因为税收抵扣向建设单位申请出具相关手续时,建设单位应当予以办理。

(8)分包人有和承包人共同享有工程业绩的权利。分包人的业绩证明应由承包人和建设单位共同出具。分包人以分包业绩证明承接工程或申报资质时,建设单位和相关交通运输部门应予以认可。

(9)劳务合作不属于施工分包,故劳务合作企业以分包人名义申请业务证明的,承包人与建设单位应予以拒绝。

(10)承包人和分包人都应严格遵循基建财务管理制度,加强合同段和分包专项工程的会计核算。

(11)交通建设工程从业单位以及其他相关人员,应配合有关行政主管部门和监督机构对合同履约进行监督检查,不得拒绝、阻挠或者隐报、谎报有关情况和资料。

(12)公路工程建设实行实名制举报制度,任何单位和个人在公路建设过程中的施工转包和其他违法行为,有权利向交通运输主管部门举报。交通运输主管部门应及时受理和查处,并将处理结果告知举报人。

5.5 工程进度管理

(1)施工单位应根据合同的约定控制总体进度,并根据开、竣工时间,在规定的时间内制订总体进度施工组织计划;经过公司技术负责人的认真审查签批后,提前28d上报监理单位,监理工程师再审查后上报总监理工程师;总监理工程师应在28d内批复;若有意见,应提出意见并返回施工单位按照相关要求进行修改,直到总监理工程师同意,经审批通过后上报建设单位。工期起始日期以总监理工程师下达总体开工令批准的开工日期为准。

(2)总体进度施工组织计划编写内容,应包括:项目管理组织机构和主要管理人员名单履历表;主要劳动力计划;主要材料进场计划;主要机械设备进、退场计划;施工准备工作计划;临时设施(驻地建设、运输道路、供电、供水等已经解决或已有可靠的解决方案)、临时占地计划;现金流量计划;工程进度横道图等。

(3)施工单位应根据已同意的合同进度计划,在每年的11月底前向监理单位递交两份格式和内容符合监理工程师合理规定的下一年度的施工计划,以供审查。计划的内容,应包括本年度估计完成的和下一年度预计完成的分项工程数量和工作量,以及为实施此计划将采取的措施。

(4)施工单位应根据合同条款的总体进度以及建设单位下达的年度计划要求,分别详细编制年度、季度、月度计划表。施工单位应在规定时间内编制报表,并上报监理单位进行审批。

(5)月、年进度计划报表,应真实反映建设工程进展的实际情况以及月、年度进度计划情况和上月、上年累计完成情况。必要时应对工程进度计划、实际投入人力资源、实际投入主要机械设备、投资完成情况、工程质量情况及存在的问题进行说明。

(6)上报时间。

①月进度计划表:施工单位应在当月月底前上报总监理工程师审批,审批通过后上报建设单位;

②年进度计划表:施工单位应在每年11月底前上报监理工程师,通过审批后报建设单位备案。

(7)施工单位进场后应在每月月底前,向建设单位及监理单位提交一份施工月报;月报应详细说明本月主要工作内容和措施以及有效施工天数、存在的主要问题和建议、下个月的工作计划。

(8)施工单位应严格执行监理工程师批准的合同进度计划,对工作量计划和形象进度计划分别控制。施工单位的实际工程进度曲线应在合同进度管理曲线规定的安全区域之内。若施工单位的实际工程进度曲线处在合同进度管理曲线规定的安全区域的下限之外时,则监理工程师有权认为本合同的进度过慢,并通知施工单位应采取必要措施,以便加快工程进度,确保工程能在预定的工期内交工。施工单位应采取措施加快进度,并承担加快进度所增加的费用。

(9)若施工单位在接到监理工程师通知的14d内,未能采取加快进度的措施,导致工程进度更加滞后,或者施工单位虽然采取了部分措施,但是仍然无法按工程进度交工时,监理工程师应立即通知建设单位;建设单位在发出书面警告通知14d后,可按照合同条款终止对施工单位的雇用,并记录该施工单位的不良记录,也可将本合同工程中的一部分工作交给其他施工单位完成。在不解除本合同规定的施工单位的责任和义务的同时,施工单位应承担因此增加的一切费用。

(10)当要求加快工程进度时,应有相应具体工程质量保证措施,并上报项目建设单位等上级主管部门,征得书面同意后方可施行。

5.6　质量管理

5.6.1　建立健全质量保证体系

施工单位对工程质量负主体责任,应保证工程质量目标的实现,建立质量管理机构,建立健全各项质量保证制度、办法,并采取有效措施、手段加以实施。质量保证体系内容,应包括:明确质量目标,制订有效的方针;建立健全质量管理组织机构,任命各级质量保证体系管理责任工程师;编制质量保证手册(编制程序管理文件、制订质量计划、制订质量记录格式等);建立施工、监理现场各专业质量保证体系,层层明确质量责任,落实到个人,并绘制质量保证体系图和质量保证控制系统图。

5.6.2 制订措施,保证体系的有效运行

施工单位应加强质量保证体系的运行,将项目的管理目标进行逐层分解,制订详细的措施、办法,加强对分解目标的层层落实,落实到个人;根据每道工序的特点和施工方法,技术负责人抓好技术交底,适时组织召开技术管理人员质量分析研讨会,制订应对的措施和方法,并组织实施;及时收集、整理质量运行情况,写出评估报告,上报监理单位,抄送建设单位。

5.6.3 质量责任制度

(1)建设单位应按照国家规定建立施工质量保证体系,在工程施工准备期、施工期、缺陷责任期内,建立质量管理制度,落实质量岗位责任制度,并对其施工的工程质量终身负责。

(2)施工单位的组织施工,必须根据国家的有关公路工程建设的法律、法规、规章、技术标准和规范的规定,并按照设计文件、施工合同和施工工艺的要求制订。

(3)施工单位禁止私自修改工程设计,不得有偷工减料的现象。若在施工过程中发现设计文件和图纸有差错,应及时向设计单位和建设单位提出书面意见。

(4)施工单位必须按照工程设计的要求、施工技术标准和合同的约定,对用于工程的原材料(半成品、成品)等必须检验合格,并经监理批准后方可进场;具备条件的应建立进场许可证制度;在使用过程中,按相关要求加强对原材料的检测。

(5)施工单位必须建立健全施工质量检查制度,加强施工过程中的自检、互检和交接检验工作,应严格执行工程报验程序,每道工序必须自检合格,方可报备监理。对隐蔽工程,质检人员必须现场全程控制,签认原始记录。

(6)在工程建设的过程中,施工单位应服从监理工程师对其质量、进度、费用、合同、安全、文明生产、环境保护等进行全面的监督管理。

(7)在施工过程中对不良行为现象应进行质量责任追究。

①依据《建设工程质量管理条例》(国务院令 2000 年第 279 号),施工单位在施工过程中出现偷工减料,使用不合格建筑材料、构配件、半成品和设备,不按照工程设计图纸或者施工技术标准、规范、合同施工的,应依法给予处罚。

②施工单位若出现以下状况:不能严格按照与建设单位签署的合同认真履约的行为;合同中承诺的管理人员、技术人员、试验检测人员及机械设备等不能按时足额到位;工地试验室不能获得资质认定或其他影响工程顺利开展的,应责令整改,通报批评,并依据合同予以经济处罚,情节严重的依据合同赔偿建设单位相应的经济损失,同时终止合同清退出场,并列入黑名单。

若出现未按照国家规定建立健全质量保证体系、质量管理制度未落实到位、质量岗位责任不明确、质量保证体系不独立、不能有效发挥作用的;未按要求自检或自检不合格、抽检不合格及未经监理签认进行下道工序的;未按合同要求编制总体施工进度计划和阶段施工进度计划,不能保证工程的合同工期与工程质量的;未按要求落实项目经理负责制,不能及时有效行使工程管理和经济决策权利,工程资金挪用,质量、进度、安全保障措施不力的;工程建设过程中,不服从监理工程师对其进行的全面监督管理的,应责令整改,给予通报批评。

③施工单位必须遵守《建设工程质量管理条例》(国务院令 2000 年第 279 号)、《公路工程质量监督规定》(交通部令 2005 年第 4 号)、《公路建设监督管理办法》(交通部令 2006 年第 6 号)、《公路工程管理办法》(交公路发〔1999〕90 号)的有关规定。

5.6.4 汇报制度

施工单位应定期向监理单位书面汇报自身管理体系的运行状况。

5.6.5 技术攻关和交底制度

施工单位应在每个分项工程开工前制订具体的施工方案、施工工艺、技术措施以及预案措施等,应从技术上保证工程质量标准的实现。应对工程质量的薄弱环节组织骨干人员进行质量控制(QC)攻关,在工程实施前向各相关的施工部门做好交底落实工作;在工程的具体施工中,加强过程的控制,发现问题应及时提出改进意见并制订相应的防范措施,从而在施工过程中保证工程质量。

5.6.6 首件工程认可制度

(1)首件工程认可制度的意义在于,为了规范公路工程施工质量管理,努力消除质量事故隐患,杜绝质量通病,明确和统一施工组织(人员、机械配置和组合)、材料和施工工艺要求,从而使大规模施工达到标准化、程序化和规范化管理。

(2)施工单位按照首件工程认可制中首件工程的划分原则确定每个分项工程的首件,对首件工程的每道工序制订施工方案和施工作业指导书,明确质量保证体系,确定自检负责人和质量责任人,明确检测方法、检测频率以及重点、难点部位的控制措施,对首件工程的各项质量指标进行综合评价,以指导后续规模化施工或批量生产,及时预防和防止后续施工或生产中可能产生的质量问题,得到认可的首件工程检查用表加盖首件工程认可专用章,有关人员签字。首件工程认可的所有相关资料均作为分项工程开工报告的附件整理和归档。

5.6.7 检查制度

1)检查方式

施工单位应严格执行工序“三检”制度,即班组自检、工种互检、质检员专检制度,应层层递进,只有上一层工序完成通过验收方可进行下一道工序施工,同时应积极配合建设单位和监理单位的各项工作。

2)检查内容

(1)对原材料的检查。

施工单位应严格控制各原材料的进场,应按照相关规范规定的试验频率做好自检工作,建立和完善材料的进场、试验检测、报验台账等,外委试验项目须事先报监理工程师,并征得监理工程师同意。

(2)隐蔽工程检查制度。

隐蔽工程或某些重要工序完成后,施工单位先进行自检,自检合格后,填写隐蔽工程报验单报监理工程师。监理工程师对将覆盖或掩蔽的工程的任何部分进行检查、测量和验收。没有得到监理工程师的批准认可,工程的任何部分均不得覆盖、掩蔽或修饰,也不得进行下一道工序。

3)检查结果的反馈及处理

施工单位接到通知书后,应对通知书中指出的问题及时进行整改,并将整改结果逐级上报。

5.6.8 半成品、成品的制度管理

1)半成品、成品验收制度

施工单位应建立成品及半成品的保护措施,防止过程产品的失控而造成的质量问题,应避免返工和修补损失,应保证交给建设单位的是优良满意的产品。

2)半成品、成品保护管理制度

(1)施工单位首先应在施工开工前制订相应的实施细则,有效地对保护半成品及成品作出规定。

(2)应在施工前做好设计图纸会审、技术交底和环境调查,防止因工作不细而造成返工或损坏半成品及成品。

(3)对施工作业程序应做好科学合理的安排,并遵循“先地下后地上”“先深后浅”“先里后外”的施工程序。

(4)注意做好有利于半成品、成品保护的交叉作业安排。

(5)在施工过程中做好防护和隔离措施。

(6)防止半成品、成品的破坏和丢失,做好施工现场的文明施工、安全、保卫和消防工作。

(7)隐蔽工程经监理检查验收后,应进行封闭管理。

(8)施工单位在竣工交验成品时,应提供正确使用和保护的说明,做好回访保修工作。

(9)施工单位应对全体施工人员提前做好对半成品、成品保护的教育指导工作。

5.6.9 质量举报和事故报告制度

(1)施工单位应设置工程质量和工程事故举报专用电话、传真、邮箱和举报受理人,并对外公布。举报单位或个人也可直接向建设单位及上级主管部门、监督部门举报或投诉。任何单位或个人都有权利对工程施工过程中的转包、违规分包、随意变更设计、偷工减料、粗制滥造及发生的质量事故等不良行为进行举报、控告和投诉。对举报的违规行为经查实后按照合同有关规定处理,情节特别严重的将给予严厉处罚,触犯法律的,移交司法部门处理。

(2)工程施工过程中发生质量事故,事故所在地施工单位必须采取有力措施保护事故现场,防止事故进一步扩大,并初步分析事故原因、责任和造成的损失,及时向监理单位及建设单位报告,由建设单位组织进行事故的调查。发生重大质量事故,建设单位及时向上级主管部门报告,由上级主管部门组织调查处理。任何单位和个人都不得隐瞒事故不报,如发现查实,给予通报批评的同时应追究其单位负责人的责任。

(3)对于隐蔽工程、变更设计工程、重大质量及安全事故,必须拍摄照片(必要时摄像),并将现场处理意见形成会议纪要。

6　外委加工与检测管理

6.1　外委加工管理制度

6.1.1　外委加工应考虑的因素

(1)当项目生产能力不足时；

(2)需要采用新工艺、新技术、新材料及新设备时；

(3)特殊零件无法购得，又不能自行加工时；

(4)外委加工质量更好时；

(5)外委加工成本更低时。

6.1.2　外委加工程序

(1)生产技术部门负责外委件的设计图样，标准要求及设计图样经会签和审批、提交物资设备部门。

(2)物资设备部门根据设计图样和有关技术资料的要求，联系加工方，应对加工方的条件和业绩进行审查，选择条件好的加工协作单位，起草外委加工合同，经评审后，正式签订外委加工合同。

(3)质检部门负责对加工产品进行检验，检验的依据是外委加工合同和有关标准技术要求，检验合格后方可进入施工仓库。

(4)仓库保管人员负责对外委加工构件的名称、规格、数量进行认真核对，确认无误后，填写入库单。

(5)最后应上报建设单位。

6.2　外委试验管理

(1)外委试验应委托给具有相应资质等级证书并通过计量认证的检测机构，并经总监理工程师和建设单位同意，必要时报主管质监机构批准。

(2)外委试验应填写委托协议书，明确试样名称、用途、批量、试验内容、技术要求、时间要求及其他需要明确的有关要求等。

(3)外委试验应由总包单位委托，不得由分包单位委托。

为了保证试样的真实性，对涉及结构安全的试块、试件以及钢绞线、锚具、支座、水泥、沥青等重要材料或产品的外委试验，应当在监理的见证下取(送)样。

(4)同一公路工程标段中的同一检测内容，检测机构不得同时接受建设、监理、施工等单位的试验检测委托。

(5)受委托检测单位，不得与所检测工程项目的施工单位、监理单位有隶属或其他利益关系。

(6)检测机构应根据检测合同或委托书来承担公路工程试验委托检测业务，禁止出现转包、违规分包行为。

(7)检测机构应加强对样品的管理，实行盲样管理制度。

(8)建设单位、监理单位、施工单位委托检测机构及相关产品时，一般情况下应在建设单位网站进行公示。

6.3 现场专项检测管理

(1)现场专项检测,包括软基处理检测,软基处理沉降观测,桩基检测,预应力压浆检测,机电工程检测,桥、隧施工监测,桥梁荷载试验,路基路面自动化检测等,应用无损或半破损试验检测方法进行现场质量检测与评价的试验检测项目。

(2)现场专项检测,一般应由项目建设单位通过招标确定检测机构;检测任务小的施工技术咨询专项也可由项目建设单位直接进行委托,不应由施工单位直接出面委托。交通运输部《公路工程竣(交)工验收办法》(交通部令2004年第3号)和《公路工程质量鉴定办法》(附录A的附件1)规定的监督检测项目由主管质监机构组织实施。

现场专项检测实行招标的应按交通运输部《公路工程施工监理招标投标管理办法》(交通部令2006年第5号)执行。自治区、市质监机构受同级交通主管部门委托,负责对现场专项检测招标投标工作的监督和管理。招标人编制招标文件后报主管质监机构备案,评标报告和决标报告按照项目管理权限报主管质监机构核准。

(3)承担现场专项检测的检测机构必须具备以下资格条件:

①具有等级证书;

②具有《现场专项检测管理手册》,信用评价良好;

③具有计量认证合格证书,且认证参数中包含拟承担的试验检测项目,采用的检测标准规范、规程符合要求。

(4)现场专项检测项目负责人必须得到该单位法人的书面授权,项目技术负责人必须具备相关专业的中级以上职称与资格证书。

(5)软基沉降观测,桥、隧施工监控及桥梁荷载试验等现场专项检测,检测机构应在检测前编制详细的检测方案。宜由项目建设单位组织设计、施工、监理及质量监督等单位的代表和有关专家对检测方案进行论证,并经设计单位认可、监理单位审查批准。批准后的检测方案、检测计划等有关资料,应在检测前及时报送主管质监机构。

(6)桥梁荷载试验等报告,应对工程质量是否满足设计及规范要求有明确的结论。报告完成后,应及时报主管质监机构。

(7)现场专项检测实行月报制度。承担软基沉降观测、桥梁施工监控、桩基检测等现场专项检测的检测机构,宜于每月25日前向质监机构、项目建设单位报送现场专项检测情况月报告。

软基处理沉降观测报告,应对当前各观测路段沉降(或位移)是否稳定有明确的结论,并提出下一阶段工作的指导意见。

桥梁施工监控报告,应对当前监控成果、施工状况有明确的结论,对下一阶段工作有明确的指导意见。

(8)检测机构在检测过程中发现结果有重大异常或经检测结果分析工程可能存在重大质量缺陷或质量问题时,应及时报告主管质监机构和项目建设单位。

6.4 工程竣(交)工验收管理

(1)公路工程验收分为交工验收和竣工验收两个阶段。

交工验收阶段主要工作包括:检查施工合同的执行情况,评价工程质量,对各参建单位工作进行初步评价。

竣工验收阶段主要工作包括:对工程质量、参建单位和建设项目进行综合评价,并对工程建设项目作出整体性综合评价。

(2)公路工程竣(交)工验收的依据。

①批准的项目建议书、工程可行性研究报告。

②批准的工程初步设计、施工图设计及设计变更文件。

③施工许可。

④相关合同文本。

⑤行政主管部门的有关批复文件。

⑥公路工程技术标准、规范、规程及国家、自治区有关部门的相关规定。

(3)公路工程竣(交)工验收工作由项目法人负责组织,验收委员会综合评价,各相关单位共同参与,交通运输主管部门监督备案。验收委员会和各相关单位应根据各自职责共同把好验收关,并承担相应的责任。

(4)按照公路工程管理权限,高速公路、普通国道以及总投资3亿元以上的省道项目的竣(交)工验收由自治区级交通运输主管部门负责备案,其他公路工程建设项目的竣(交)工验收由市级交通运输主管部门确定的相应的交通运输主管部门负责备案。

(5)根据交通运输部《公路工程竣(交)工验收办法》(交通部令2004年第3号),公路工程未按本细则进行竣(交)工验收或者验收不合格的,不得交付使用。

(6)交工验收工作一般按合同段进行,并应具备以下条件:

①合同约定的各项内容已全部完成,各方就合同变更的内容已达成书面一致意见。

②施工单位按《公路工程质量检验评定标准》对工程质量自检合格。

③监理单位按《公路工程质量检验评定标准》对工程质量评定合格。

④项目法人按质量评定操作办法,对工程交工质量评定合格后出具工程交工质量评定报告;已按规定对施工、监理单位的安全生产情况进行评价。

⑤质量监督机构应按交通运输部规定的《公路工程质量鉴定办法》(附录A的附件1)对工程进行质量检测(必要时应委托有相应资质的检测机构进行检测),并出具检测意见。

⑥竣工文件按交通运输部《公路建设项目文件材料立卷归档管理办法》(交办发〔2010〕382号)(附录H)等有关规定,完成《公路工程项目文件归档范围》(附录A的附件2)第三、四、五部分(不含缺陷责任期资料)内容的收集、整理及归档工作。在交工验收前,项目监理单位应向项目法人提交项目档案质量审核意见。

⑦施工单位、监理单位已完成本合同段的工作总结报告。

⑧项目法人已按照有关要求落实项目接管养单位。

(7)交工验收程序。

①施工单位完成合同约定的全部工程内容,且经施工自检和监理检验评定均合格后,提出合同段交工验收申请报监理单位审查。交工验收申请应附自检评定资料和施工总结报告。

②监理单位根据工程实际情况、抽检资料以及对合同段工程质量评定结果,对施工单位交工验收申请及其所附资料进行审查并签署意见。监理单位审查同意后,将申请资料报送项目法人,同时向项目法人提交监理独立抽检资料、质量评定资料和监理工作报告。

③项目法人对施工单位的交工验收申请、监理单位的质量评定资料进行核查,按照《关于修订内蒙古自治区高速一级公路工程检测机构备案登记实施细则的通知》(内交质监〔2013〕26号)的相关规定执行,委托有相应资质的检测机构进行交工质量检测,并对交工质量进行评定,及时将交工质量评定报告报相应的质量监督机构备案。备案后且合同段满足交工验收条件时及时组织交工验收。

④对若干合同段完工时间相近的,项目法人可合并组织交工验收。对分段通车的项目,项目法人可按合同约定分段组织交工验收。

⑤通过交工验收的合同段,项目法人及时颁发《公路工程交工验收证书》(附录A的附件3)。

⑥各合同段全部验收合格后,项目法人及时完成《公路工程交工验收报告》(附录A的附件4)。

⑦项目法人在公路工程交工验收合格后将《公路工程交工验收报告》报交通运输部门备案。交通运

输主管部门在收到验收报告后 10d 内未对备案的项目交工验收报告提出异议,项目法人可开放交通进入试营运期,试营运期不超过 3 年。

(8)交工验收的主要工作内容。

①检查合同的执行情况。

②检查施工自检报告、施工总结报告及施工资料。

③检查监理单位独立抽检资料、监理工作报告及质量评定资料。

④检查工程实体,审查有关资料,包括主要产品的质量抽(检)测报告。

⑤核查工程完工数量是否与批准的设计文件相符,是否与工程设计数量一致。

⑥对合同是否全面执行、工程质量是否合格作出结论。

⑦按合同段分别对设计、监理、施工等单位进行初步评价。

(9)交工验收由项目法人负责组织,各合同段的设计、施工、监理等单位参加。路基工程作为单独合同段进行交工验收时,应邀请路面施工单位参加。拟交付使用的工程,应根据有关规定邀请交通运输主管部门、公路管理机构、质量监督机构、公安机关、安全监管、运营、养护管理等相关单位参加。

(10)合同段工程质量评分采用所含各单位工程质量评分的加权平均值,工程各合同段交工验收结束后,由项目法人对整个工程项目进行工程质量评定,工程质量评分采用各合同段工程质量评分的加权平均值。

(11)评分办法按现行《公路工程质量检验评定标准》执行。

(12)在高速公路建设项目交工质量鉴定工作中,发现存在《高速公路项目交工检测质量不符合项清单》(附录 B)所列任一情况的,项目工程质量监督单位对相应合同段的交工质量检测意见不得为合格。

(13)交工验收不合格的工程要返工修改,直至合格。交工验收提出的工程质量缺陷等遗留问题,由项目法人责令施工单位限期完成整改。

(14)对通过交工验收并完成备案的工程,试营运期间应及时安排养护营运管理。

(15)项目法人违反有关规定,对未进行交工验收、交工验收不合格或未备案的工程开放交通进行试运营的,由交通运输主管部门责令改正。

(16)通车试运营 2 年以上公路的项目法人,应于通车试运营第 3 年的年初制订竣工验收计划,明确竣工验收工作内部机构、负责人和联系人,于当年一季度前报相应的交通运输主管部门,并于试运营期 2~3年内组织工程竣工验收。

(17)公路工程竣工验收应具备以下条件:

①通车试运营 2 年以上。

②交工验收提出的工程质量缺陷等遗留问题已全部处理完毕,并经项目法人验收合格。

③工程决算编制完成,竣工决算已经审计,并经交通运输主管部门或其授权单位认定。

④根据项目档案组卷要求,竣工文件已按照《公路建设项目文件材料立卷归档管理办法》(交办发〔2010〕382 号)系统整理并归档。

⑤档案、环保、水保等单项验收合格,土地使用手续已办理。

⑥各参建单位已完成工作总结报告。

⑦项目法人对工程竣工质量评定合格及以上,完成工程竣工质量评定报告,并已向相应的质量监督机构备案。

⑧质量监督机构已对工程实体质量情况以及内业资料情况进行监督检查,对竣工质量评定备案,并完成竣工质量监督工作报告。

(18)竣工验收准备工作程序。

①项目法人应在施工项目竣工验收前 6 个月内按照质量管理有关规定开展竣工质量评定工作,完成竣工质量评定报告,并及时向质量监督机构备案。

②质量监督机构完成工程竣工质量监督工作报告,并审核交工验收时对设计、施工、监理单位的工作

质量初步评价结果,一并报送相应的交通运输主管部门。

③公路工程基本符合竣工验收条件,且竣工质量评定等级为合格及以上,其项目法人应按要求及时制订竣工验收组织方案和竣工验收文件资料,于竣工验收前15日内报送相应的交通运输主管部门。

④竣工验收方案和文件资料的主要内容包括:

A. 交工验收报告及交工验收备案表、竣工验收质量管理备案表。

B. 参建单位工作总结报告:项目执行报告、设计工作报告、施工总结报告、监理工作报告和接管养护单位使用情况报告。

C. 项目竣工文件:

a. 项目基本建设程序的有关批复文件。

b.(较)重大设计变更批复文件。

c.档案、环保、水保等单项验收意见。

d.土地使用证或建设用地批复文件。

e.竣工决算的核备意见和审计报告及认定意见等。

D. 项目竣工数据表格。

E. 项目竣工验收组织方案。

⑤对不符合竣工验收要求的项目,交通运输主管部门有权要求项目法人推迟验收,待完善后再组织竣工验收。

(19)竣工验收主要工作内容。

①成立竣工验收委员会。

②听取公路工程项目执行报告、设计工作报告、施工总结报告、监理工作报告及接管养护单位项目使用情况报告。

③听取公路工程竣工质量评定报告。

④竣工验收委员会成立专业检查组检查工程实体质量,审阅有关资料,形成书面检查意见。

⑤竣工验收委员会对项目法人建设管理工作进行综合评价,审定经质量监督机构审查的设计、施工、监理单位的工作综合评价结果。

⑥对工程质量进行评分,确定工程质量等级,并综合评价建设项目。

⑦形成并通过《公路工程竣工验收报告》(附录A的附件4)。

⑧项目竣工验收合格之日起15日内,项目法人将《公路工程竣工验收报告》(附录A的附件4)报相应的交通运输主管部门备案。

⑨对不符合竣工备案条件、竣工验收结论与实际情况明显不符的项目,相应的交通运输主管部门在受理之日起10日内书面通知项目法人改正后重新报送备案并告知原因。

⑩项目法人在完成备案之日起15日内印发《公路工程竣工验收报告》(附录A的附件4)。

⑪《公路工程竣工验收报告》备案后,质量监督机构及时印发《公路工程参建单位工作综合评价等级证书》(附录A的附件9)。

(20)竣工验收委员会由交通运输主管部门、公路管理机构、质量监督机构、造价管理机构、公安机关、安全监管、项目法人等单位代表和特邀专家组成。国防公路应邀请军队代表参加。

项目法人单位代表可参加竣工验收委员会,但人数不超过2名,不担任竣工验收委员会主任,且不参与项目建设管理综合评价。

竣工验收委员会主任由特邀专家担任。

设计、施工、监理、接管养护等单位代表参加竣工验收工作,但不作为竣工验收委员会主任,且不参与项目建设管理综合评价。

设计、施工、监理、接管养护等单位代表参加竣工验收工作,但不作为竣工验收委员会成员。

(21)竣工验收委员会成员基本要求:行业主管部门代表应为相关业务处室的负责人或业务骨干,具有较长的行业管理经历，熟悉公路工程情况和相关的法律法规，具备相应的职务或技术职称；专家应具有高级及高级以上的技术职称，熟悉公路行业和相关的法律法规；项目法人代表应为工程建设营运管理的主要管理人员，具有相应的技术职称。

交通运输主管部门负责建立和管理公路工程验收专家库。特邀专家应从专家库中抽取，并根据工程的规模、技术复杂程度确定特邀专家人数，原则上不超过5名。

(22)参加竣工验收工作各方的主要职责。

竣工验收委员会负责对工程实体质量及建设情况进行全面检查。对工程质量进行评分，对各参建单位及建设项目进行综合评价，确定工程质量和建设项目等级，形成工程竣工验收报告。

项目法人负责提交项目执行报告、竣工质量评定报告及验收工作所需资料，协助竣工验收委员会开展工作。

设计单位负责提交设计工作报告，配合竣工验收工作。

施工单位负责提交施工总结报告，提供相关施工资料，配合竣工验收工作。

监理单位负责提交监理工作报告，提供工程监理和环保监理资料，配合竣工验收工作。

接管养护单位负责提交项目使用情况报告，配合竣工验收工作。

公路建设项目设计、施工、监理、接管养护等有多家单位的，项目法人应组织汇总设计工作报告、施工总结报告、监理工作报告、项目使用情况报告。竣工验收时选派代表向竣工验收委员会汇报。

(23)竣工验收工程质量评分采取加权平均法计算，具体评定办法按照附录A和现行《公路工程质量检验评定标准》执行。

(24)在高速公路建设项目竣工质量鉴定工作中，发现存在《高速公路项目竣工鉴定质量不符合项清单》(附录C)所列任一情况的，项目工程质量监督单位对相应合同段的竣工质量鉴定等级不得评为优良，其工程质量鉴定超出75分的按75分计。

(25)交通运输主管部门发现项目法人在竣工验收过程中有违反国家和内蒙古自治区公路工程竣工验收、质量、安全管理规定，采用虚假证明文件办理工程竣工验收备案等行为的，应责令停止试营运，重新组织竣工验收并报送备案。

(26)交通运输主管部门应根据《建设工程质量管理条例》(国务院令2000年第279号)相关规定，对未在公路工程验收合格之日起15日内未将工程竣工验收报告报送备案的，应给予相应的处罚。

(27)项目法人对试运营期超过3年的公路工程不组织竣工验收的，由交通运输主管部门责令改正。对责令改正后仍不组织竣工验收的，由交通运输主管部门责令停止试运营，并取消该建设单位及其项目在交通运输系统的评优资格。

对于资料不移交、故意不配合并导致项目逾期竣工验收的施工、监理等单位，作为不良行为记录到内蒙古自治区从业单位信用评价档案，降低其信用评价等级，对于情节特别严重的，依法限制其参与内蒙古自治区交通建设招投标工作。

7　工程计量管理

建设单位根据《内蒙古自治区交通运输厅关于进一步加强公路建设项目计量支付管理工作的通知》(内交发〔2013〕477号)的相关规定,在工程开工前制定好完整的计量程序和报表格式,规范审核程序,组织施工单位、监理单位完成工程计量复核后确认工作,并建立起统一的计量台账。

7.1　计量依据

(1)合同文件。

(2)有关计量的补充方法、规定。

(3)工程变更文件。

(4)施工设计图。

(5)交通运输主管部门的有关规定。

(6)相关的质保资料。

7.2　计量范围

(1)工程量清单及修订的工程量清单中的内容。

(2)合同文件中规定的其他各项应支付费用。

7.3　计量原则

(1)工程计量的方法、范围、内容、计量单位等应符合合同文件的要求。

(2)全区应统一计量表格格式,并应限定签字人数。

(3)工程质量必须符合要求,且各种中间交工验收手续及相关质保资料必须齐全。

(4)工程计量的数量为现场确认的实际发生数量,该数量与设计施工图数量不相符时,应办理工程变更手续。

(5)应进行每月期中计量,工程量统计截止时间为每月20日。

7.4　计量程序

(1)施工单位要及时通知监理单位,对隐蔽工程的完成数量进行核查确认,并附相关影像资料。

(2)施工单位的合同计量人员应在每月25日前,将当期准备计量的分项工程质保资料进行汇总,并按照规定的格式及工程量清单章节的先后顺序填好"工程计量表",报监理单位审核。

(3)监理单位接到计量表申请后应及时组织合同、计量等有关人员按计量规则和审查制度进行审查:格式内容是否符合要求;各项资料、证明文件手续是否齐全;所有款项计算与汇总是否无误等。如不符合计量要求,应退回施工单位补齐或重新准备,重新申请。

(4)监理单位对工程计量表进行核查后,施工单位应将符合要求的工程计量表进行整理汇总,然后编制"质量支付月报表",报监理单位审核签认后再报建设单位。

(5)建设单位对监理审核后的《计量支付月报表》进行审核,审核合格后按程序予以支付。所有计量报表中的相关人员签字必须齐全,严禁代签。

(6)建设单位和监理单位应在规定日期内予以计量确认;当因特殊情况不能及时计量确认时,应给予书面回复。

7.5　工程计量的要求

(1)在项目建设过程中,施工单位和监理单位计量人员必须建立计量支付台账,以确保计量不漏计、不重计、不错计,计算数据准确。按程序上报计量支付手续,完成计量和支付工作。

(2)监理单位对施工单位所上报的《中期计量支付月报表》必须进行严格审核,并对审核项目的细目、名称、单位、数量、单价和金额等单独成表,严禁在原表中进行更改,确保报表的整齐和计量计算的严谨。

(3)施工单位和监理单位合同管理必须配备专职计量工程师,并配备相应的硬件设备和软件设备,满足合同文件要求及工程建设的实际需要,计量工程师对计量的数据和金额的正确性、真实性负责。

(4)计量工程师必须熟悉图纸、合同文件、技术规范、项目管理办法等有关计量与支付的规定,详细掌握计量与支付程序及要求,保证计量与支付工作的顺利进行。

(5)计量工程师需经常深入施工现场,了解施工进度,督促技术员及时对已认可的项目进行计量,确保所完成的工作于当月得到合理计量,保证工程合同款支付到位。

(6)中期支付月报表执行统一的格式,其填报格式、要求必须符合建设单位要求。

(7)在对以往历次已经签发的进度付款证书进行汇总和复核中发现错、漏或重复的,监理有权予以修正,施工单位也有权提出修正申请。经过双方复核同意的修正,应该在本次进度支付款中支付或扣除。

(8)安全生产费用必须单独计量。

(9)农民工工资计量时,计量资料必须包含上期农民工工资已发放的证明材料,否则不予计量。

8　工程支付管理

根据《国务院办公厅关于全面治理拖欠农民工工资问题的意见》(国办发〔2016〕1号)(附录I)、《内蒙古自治区交通运输厅关于进一步加强公路建设项目计量支付管理工作的通知》(内交发〔2013〕477号)的相关规定,规范公路工程计量支付行为。

8.1　支付原则

(1)支付必须严格遵守合同文件及有关规范规程的规定,并在准备计量的基础上进行。

(2)任何工程费用的支付必须经建设单位批准,建设单位批准签认的支付证书是支付施工单位工程费用的依据。

(3)建设单位应按相关规定,在监理工程师对工程安全生产情况确认后,根据监理工程师签认的项目施工单位安全生产费用使用计划、使用报表和计量资料及时预付、支付安全生产专项经费,确保安全生产经费及时有效投入。

(4)应按合同约定的时间进行计量支付,如果不能及时支付时,应予以书面说明原因。

8.2　支付程序

8.2.1　预付款

(1)开工预付款的金额在相关合同文件中约定。在承包人签订了合同协议书并提交了开工预付款保函,经监理单位确认后,建设单位应在当期进度付款中向施工单位支付开工预付款的70%;在承包人承诺的主要设备进场后,再支付预付款的30%。

施工单位不得将该预付款用于与本工程无关的支出,监理单位有权监督施工单位对该项费用的使用,如经查实施工单位滥用开工预付款,建设单位有权立即通过银行发出通知在履约保函中将开工预付款收回。预付款的扣回根据合同条款规定执行。

(2)材料、设备预付款按相关合同文件、项目专用合同条款数据表中所列主要材料、设备单据费用(进口的材料、设备为到岸价,国内采购的为出厂价或销售价,地方材料为堆场价)的百分比支付。附相关资料时,为了环保便捷,可暂时以相关资料的验收单扫描件作为证明,扫描件必须清晰。其预付条件为:

①材料、设备符合规范要求并经监理工程师认可。

②施工单位已出具材料、设备费用凭证或支付单据。

③材料、设备已在现场交货,且存储良好,监理单位认为材料、设备的存储方法符合要求。

④农民工工资发放表或发放证明。

监理单位应将此项金额作为材料、设备预付款计入下一次的进度付款中。在预计交工前3个月,将不再支付材料、设备预付款。预付款的扣回根据合同条款规定执行。

8.2.2　预付款保函

除项目专用合同条款另有约定外,施工单位应在收到开工预付款前向建设单位提交开工预付款保函,开工预付款保函的担保金额应与开工预付金额相同。银行保函的正本由建设单位保存,该保函在建设单位将开工预付全部扣除之前一直有效,担保金额可根据开工预付款扣回的金额相应递减。

8.2.3 工程进度付款

施工单位提出申请,然后由监理单位审核并签发《期中支付证书》,经建设单位审批签署后,根据计量报表支付工程进度款。如果该付款周期应结算的价款经扣留和扣回后的款额少于项目专用条款数据表中列明的进度付款证书的最低金额,则该付款周期监理单位可不核证支付,上述款额将按付款周期结转,直至累计应支付的款额达到项目专用合同条款数据表中列明的进度付款证书的最低金额为止。

每一期计量支付时应附农民工工资发放表或发放证明资料;对于不能提供的,建设单位可拒绝计量支付。

对于不能及时按合同计量支付的,建设单位必须给予书面回复。不能按期支付的,应按项目专用合同条款数据表中约定的利率向施工单位支付逾期付款违约金。违约金计算基数为建设单位的全部未付款额,时间从应付而未付该款额之日算起(不计复利)。

8.2.4 安全生产费用

建设单位必须制定具体的安全生产费用计量支付管理办法,明确对于不规范问题的严格处罚措施;安全生产费用必须单独计量支付(计量资料应含发票扫描件及相关支出证明材料),建设单位应不定期检查"安全生产保障物资"。

8.2.5 质量保证金

监理单位应从第一个付款周期开始,在施工单位的进度付款中,按相关合同文件规定的百分比扣留质量保证金,直至扣留的保证金总额达到项目专用合同条款数据表规定的限额为止。质量保证金的计算额度不包括预付的支付以及扣回的金额。

8.2.6 交工结算

施工单位应及时上报交工结算,结算时向监理单位提交交工付款申请单(包括相关证明材料)的份数在项目专用合同条款数据表中约定,限期为交工验收证书签发后 42d 内。

8.2.7 最终结清

在确认全部遗留工程或缺陷工程均已完成且达到合同和规范的要求,竣工决算已通过审计认定,并签发缺陷责任终止证书后,建设单位对监理单位签发的《最后支付证书》进行审批认可,在规定的时间内予以支付;对于不能及时支付的,必须给予书面回复。

9 信息管理

为贯彻落实交通运输部“发展理念人本化、项目管理专业化、工程施工标准化、管理手段信息化、日常管理精细化”的“五化”要求，建设项目标准化管理理念，规范信息化建设，建立和完善信息系统，通过计算机及相关设备管理、软件系统管理、网络建设管理和系统信息安全管理的控制，提高使用效率，最大限度满足施工单位生产管理对信息管理的需求，推动现代化、信息化、无纸化管理，确保项目信息管理规范化、程序化、迅速快捷方便，建设单位、施工单位、监理单位应设立信息管理机构或信息管理员，积极开发和推广使用有关信息管理系统，加强对信息工作的管理。

建设单位应建立本项目的自有网站；当不具备条件时，应利用上级单位网站开辟专栏，以便宣传和实施“阳光工程”。

9.1 一般规定

(1)为了满足生产管理的需要，信息资源应统一规划，并由资源所在地负责运行维护。信息化资源主要包括区域网、光纤、数据、与网络连接的多媒体终端、硬件设备、软件、IP 地址、域名等。

(2)承接系统集成、软件开发项目的供应商，必须拥有国家规定的相应资质。

(3)计算机设备应指定专人负责管理工作，未经许可不得随意挪用计算机设备。

(4)专业软件系统的登录名称和密码应做到和专业人员的唯一对应，每位专业人员只能有一份登录名称和密码，专业人员不得让他人以自己的名义进入软件系统，否则一旦出现数据丢失、被删改等问题将追究相应责任。

(5)上机操作人员应严格管理操作密码，明确上机操作人员对会计软件的操作工作内容和权限；若有人员岗位调动行为，应及时锁定其权限，杜绝未经授权人员操作专业软件。

(6)离开机房或计算机前，应执行相应命令退出专业软件系统。

(7)信息管理机构和信息管理人员应当积极收集各类信息，分类后保管，或按规定发布在信息管理系统中，以备信息使用人员查阅。

(8)信息管理机构和人员应按照相关规定严格保密相关信息(包括国家机密和商业信息)。

(9)信息使用应当注意使用范围，不得随意扩散仅限于内部使用的信息。

(10)建立双备份制度，对重要资料除在电脑中存储外，还应拷贝到其他外部存储介质上(如光盘、移动硬盘等)，以防病毒破坏而造成数据的遗失。

(11)防止计算机遭病毒侵蚀，养成定期杀毒等保护计算机的好习惯，并根据相关要求调节计算机参数。

(12)做好内网络规划，注意内网、外网、财务专用网的隔离以及网络升级的问题。

(13)根据施工单位的具体情况建设信息化平台，并做好常用软件的普及、推广和培训工作。

(14)通过信息化建设，实现信息共享、加快与外部的沟通、提高办公效率，为办公自动化和其他信息平台的建设提供基础。

9.2 阳光工程

为了加强内蒙古自治区高等级公路项目廉政建设工作管理，全区推行“阳光工程”建设，确保项目优质、廉洁、安全、高效管理。

(1)在工程建设项目全面推行“阳光工程”,主动接受社会各界监督,保证公路建设项目的顺利实施。

(2)从工程实施至交工验收过程各主要环节,实施“阳光工程”公开(包括工程招投标管理公开、征地拆迁管理公开、参建单位管理公开、工程质量与管理公开、外委项目公开、设计变更管理公开、安全生产监督公开、竣(交)工验收公开、计量支付公开、事故调查结果公开、奖罚结果公开、投诉受理公开等,不包括具有保密性质的资料)。

(3)实施“阳光工程”的第一责任人是公开主体的主管领导人。

(4)项目实施“阳光工程”过程中,必须实事求是,形成“政策透明、制度公开、要求明确、管理有效、监督到位”的长效机制,确保“阳光工程”落实到位。

(5)建立健全组织机构:根据工程项目管理工作实际,建立健全“阳光工程”实施组织机构,逐步完善管理制度。

(6)分工明确,做到责任到人、监督到位:项目部指定专人进行“阳光工程”上报数据的监督工作,各部门根据“阳光工程”公开内容及时上报各项数据,各部门做到各负其责、加强协作、密切配合、形成合力。逐步建立健全信息管理系统,及时发布和反馈信息,不断完善工作运作机制,确保“阳光工程”的实施。

9.3 鼓励施工与质量监控信息化

实施施工现场动态监控,及时解决施工现场的实际问题和突发问题,以保障工期、进度、质量、安全。各单位可以根据项目的具体情况,如施工现场的位置、项目的重点部位(如预制场、混凝土拌和站、沥青拌和站等)或分项工程设置现场监控,运用先进的“物联网(IOT)”信息手段,对施工过程实现动态管理和监控,实现监督现场安全生产、规范现场施工行为,使项目在所控制的范围内排除种种问题,安全、高效地完成既定目标,以期取得较高的经济效益和社会效益。

9.4 宣传管理

建立项目网站,加强宣传工程的文明施工和文明管理,并公示相关非保密文件,应特别加强对相关队伍等的宣传工作。

9.5 档案管理

9.5.1 档案管理的依据

(1)《公路工程竣(交)工验收办法》(交通部令 2004 年第 3 号);

(2)《公路工程竣(交)工验收办法实施细则》(交公路发〔2010〕65 号);

(3)《公路建设监督管理办法》(交通部令 2006 年第 6 号);

(4)《交通档案管理办法》(交通部、国家档案局,交办发〔2005〕431 号);

(5)《交通建设项目档案管理登记办法》《交通建设项目档案专项验收办法》和《交通档案进馆办法》(交办发〔2007〕436 号);

(6)《公路建设项目文件材料立卷归档管理办法》(交办发〔2010〕382 号);

(7)《国家重大建设项目文件归档要求与档案整理规范》(DA/T 28—2002);

(8)《照片档案管理规范》(GB/T 11821—2002);

(9)《内蒙古自治区公路工程建设项目文件立卷归档管理办法》(内交发〔2009〕448 号);

(10)交通运输部及自治区交通运输主管部门最新发布的相关交通建设档案管理办法和规定。

9.5.2　档案管理的组织实施

（1）档案管理按照"统一领导、分级负责"的原则组织开展档案工作。

（2）归档范围及具体标准应按《公路建设项目文件材料立卷归档管理办法》（交办发〔2010〕382 号）及《公路工程竣交工验收办法实施细则》（交公路发〔2010〕65 号）的相关规定执行。（详细内容见附录 A 和附录 H）

（3）单位、分部、分项工程划分应严格遵循现行《公路工程质量检验评定标准》的相关规定。

（4）内蒙古公路建设项目的档案专项验收应严格按交通运输部《交通建设项目档案专项验收办法》（交办发〔2007〕436 号）、内蒙古自治区交通运输厅《关于进一步加强交通建设项目档案管理工作的通知》（内交发〔2012〕135 号）的相关规定执行。

10　农民工管理

公路工程施工企业农民工具有流动性大，工资、工时与工效关联度高等特点，为了规范内蒙古自治区交通基础设施建设农民工管理，根据现行《中华人民共和国劳动法》、《国务院办公厅关于全面治理拖欠农民工工资问题的意见》（国办发〔2016〕1号）、《内蒙古自治区劳动保障监察条例》（2010年5月1日施行）、《内蒙古自治区人民政府办公厅转发劳动和社会保障厅、建设厅关于解决建设领域拖欠农民工工资问题意见的通知》（内政办字〔2005〕177号）等有关法律、法规，建设单位应要求施工单位依法建立和完善农民工管理制度，监理机构负责监督制度的落实。

10.1　农民工记工考勤卡管理

（1）为进一步规范交通建设领域施工企业的劳动用工行为和工资支付行为，根据《建设领域农民工工资支付管理暂行办法》（劳社部发〔2004〕22号）规定，交通建设领域施工企业在使用农民工时需及时建立农民工记工考勤卡、签订劳动合同。

（2）建设单位应在缴纳农民工工资保证金的同时，领取记工考勤卡、劳动合同文本，并分发到各施工企业。所需费用可在农民工工资保证金专户产生的利息中开支或向各施工企业收取成本费用。

（3）施工企业应在用工后15d内与农民工签订劳动合同，根据劳动合同签订情况，统计农民工人数，按照实际人数办理记工考勤卡。

记工考勤卡由施工企业具体负责填写、发放、记工管理等工作。施工企业填写相关信息并加盖公章后统一发放到每个农民工手上，由农民工本人保管；农民工出勤记录由项目部记工员签字，经过项目部确认，作为农民工结算工资的重要凭据。施工企业对记工考勤卡的发放、记录等情况应建立台账备查。

项目完工后或农民工提前离开工地，施工企业应在合同约定期限之内对农民工工资进行结算，并一次性付清所有应发放的工资。

（4）建设单位对本项目的记工考勤卡和签订劳动合同等制度的落实情况负责。建设单位应督促项目部组织对新进工地的农民工进行相关培训，使农民工了解应有的相关权利；对施工企业记工考勤卡和劳动合同签订的执行情况进行定期、不定期检查，对未按要求落实记工考勤卡等制度的施工企业，将计入该企业信用台账，在年度信用评价中扣除相应分值。

（5）各级交通运输主管部门负责督促、检查辖区内建设单位落实记工考勤卡等制度情况。

10.2　农民工工资支付

（1）根据现行《中华人民共和国劳动法》、《内蒙古自治区劳动者工资保障规定》（2007年7月1日开始施行）、《最低工资规定》（劳动和社会保障部令2003年第21号）、《建设领域农民工工资支付管理暂行办法》（劳社部发〔2004〕22号）等有关规定，施工单位不得拖欠或扣押农民工工资，应保障农民工的合法权益。

（2）施工单位应依法通过集体协商或其他民主协商形式制定内部工资支付办法，并及时告知本单位全体农民工，同时抄报当地劳动保障行政部门、交通行政部门、建设单位和监理单位。

(3)施工单位应当依法按照劳动保障行政部门与交通行政部门监制的标准合同文本,在用工后15d内与农民工签订劳动合同,并于签订劳动合同后15d内向当地劳动保障行政部门、建设单位和监理单位进行用工备案。

(4)施工单位应根据集体合同和劳动合同的约定,按时支付农民工工资,不拖欠且不得低于最低标准。

(5)施工单位应将工资直接支付给农民工本人。农民工委托他人领取工资的,受委托人在代领工资时,应当向施工单位提供委托人签名盖章的委托书。农民工本人或者受委托人在领取工资时,应当签名盖章。施工单位支付工资(含委托代发工资)应当向农民工提供个人的工资清单。

(6)施工单位委托银行代发工资的,应当将工资存入农民工本人的银行卡等个人账户。严禁将农民工工资发放给"包工头"或其他不具备用工主体资格的组织和个人。施工单位应当按月如实向建设单位和监理单位报送项目部农民工工资支付情况。施工单位没有按时报送农民工工资支付情况的,建设单位可拒绝支付当期的工程计量款。

(7)施工单位应分发考勤卡,并由农民工自己保管,施工单位应按日对项目部农民工进行记工考勤,并填写农民工考勤卡。

(8)施工单位应制发工资支付表来发放工资。工资支付表中应包含发放单位、发放时间、发放对象的姓名、工作天数、加班加点时间、应发和减发的项目及金额等事项,并按规定保存。

(9)农民工工资发放情况(银行汇单或签收表)应每月上报建设单位,作为下月申请计量支付工资的条件之一,否则不予计量支付。

(10)施工单位应按规定执行考勤制度,不得伪造、变造、隐匿、销毁出勤记录和工资支付表。

(11)施工单位必须在项目部和工人集中生活区设立公告牌,公告农民工拥有签订劳动合同、享有最低工资标准、按月支取工资等权利,并公布监督单位、监督电话等。

(12)因建设单位或总承包施工单位未按合同约定与专业承包企业结清工程款,致使专业承包企业拖欠农民工工资的,由建设单位或总承包施工单位先行垫付农民工被拖欠的工资,先行垫付的工资数额以未结清的工程款为限。

(13)总承包施工单位应对专业承包、劳务分包企业工资支付情况进行监督,专业承包、劳务分包企业拖欠农民工工资的,由总承包施工单位垫资先行支付。

(14)施工单位与建设单位发生经济纠纷,包括建设单位拖欠工程款时,不得以此为由拖欠或克扣农民工工资。

建设单位应按合同文件中规定计量支付的时间进行月支付,如连续2个月发生已计量应支付而未支付工程款的,施工单位可停工,但不得拖欠农民工工资。造成的损失由建设单位承担,以确保农民工合法权益。

(15)施工单位因被拖欠工程款导致拖欠农民工工资的,当施工单位追回被拖欠工程款时,应优先用于支付拖欠的农民工工资。

(16)总承包施工单位不得违反规定将工程发包、分包给不具备用工主体资格的组织或个人,否则应承担清偿拖欠工资连带责任。

(17)将企业支付农民工工资情况纳入年度交通行政主管部门和金融机构对施工单位信用评价体系。对拖欠或者克扣农民工工资而引起农民工群体性上访,并造成严重影响的施工单位,降低一个施工单位信用评价等级,项目经理不得参加评优,施工单位不得以该项目参加评奖。不良行为记录将在"内蒙古交通网"建设市场诚信信息系统予以公示,并记入施工单位和个人信用档案,同时抄告银行主管部门。对恶意拖欠农民工工资或拒不整改的企业,应给予公开曝光。

(18)施工单位连续3年被劳动保障行政部门认定为劳动保障诚信企业且未发生过拖欠工资的,由施工单位提出申请,经自治区劳动保障行政部门和交通行政部门审查,可适当减免保证金。

(19)农民工发现施工单位有下列情形之一的,有权向劳动保障行政部门或交通行政部门举报投诉:

①未按照约定支付工资的;

②支付工资低于当地最低工资标准的;

③拖欠或克扣工资的;

④施工单位未依法与农民工签订劳动合同的;

⑤未依照规定缴纳保证金的;

⑥侵害农民工工资报酬权益的其他行为。

10.3　农民工培训

(1)农民工的岗前教育培训是安全管理的重要环节。通过岗前教育,提高农民工的安全生产思想、安全生产知识、安全生产技能、安全生产法制观念和享有的相关权益,是防止生产事故发生,实现安全生产的重要保证。

(2)培训目的。

①让农民工了解项目部概况、规章制度、组织结构,使其更快适应工作环境。

②让农民工熟悉岗位职责、工作流程及项目部对他的期望。

③让农民工了解与工作相关的应具备的行业基本素质,培训农民工解决问题的能力及提供寻求帮助的方法。

④加强对农民工的安全管理,增强安全意识,防止危险状况发生。

⑤告知农民工享有的有关合法权益。

(3)培训程序。

对于新进人员的岗前培训,按工作环境和程序分为四个阶段:

①项目部统一培训;

②部门的专业培训;

③同岗位经验丰富者培训新进人员;

④上岗前实操考核。

(4)岗前培训课程体系。

①项目部培训。

A. 项目部概况,了解项目部各部门的业务范围和工作项目;

B. 介绍项目部主要管理制度;

C. 介绍职能岗位特征;

D. 介绍相关行业规范、标准以及安全知识。

②专业技能培训。

专业骨干亲自授课,部门负责人对培训内容负责。

③培训的重点。

在于岗位“应知”“应会”培训,其要求如下:

A. 岗位日常工作及可能的临时性业务;

B. 从事未来岗位的基本知识、技能及从事工作的基本方法;

C. 时间运筹和时间管理;

D. 工作任务完成综合评价。

(5)农民工合法权益宣贯。

通过正规培训,详细具体地告知农民工享有的相关合法权益和法律维权途径。

(6)考核与评估。

①项目部定期开展统一培训项目,并保证质量;

②对不同岗位开展针对培训,所有部门培训须在新人转正之前完成,并保证质量,培训结束须及时将培训考核结果反馈给项目部培训专员,由其负责培训结果录入;

③新进人员必须在规定的时间内参加所安排培训课程,不得缺席,若有特殊原因不能参加培训须及时向培训组织者请假,不得无故缺席,否则按缺勤计算。

附录 A

公路工程竣(交)工验收办法实施细则

(交公路发〔2010〕65 号)

第一章　总　　则

第一条　为进一步规范和完善公路工程竣(交)工验收工作,根据《公路工程竣(交)工验收办法》(交通部令 2004 年第 3 号),制定本细则。

第二条　公路工程验收分为交工验收和竣工验收两个阶段。

交工验收阶段,其主要工作是:检查施工合同的执行情况,评价工程质量,对各参建单位工作进行初步评价。

竣工验收阶段,其主要工作是:对工程质量、参建单位和建设项目进行综合评价,并对工程建设项目作出整体性综合评价。

第三条　公路工程竣(交)工验收的依据是:

(一)批准的项目建议书、工程可行性研究报告。

(二)批准的工程初步设计、施工图设计及设计变更文件。

(三)施工许可。

(四)招标文件及合同文本。

(五)行政主管部门的有关批复、批示文件。

(六)公路工程技术标准、规范、规程及国家有关部门的相关规定。

第二章　交 工 验 收

第四条　公路工程交工验收工作一般按合同段进行,并应具备以下条件:

(一)合同约定的各项内容已全部完成。各方就合同变更的内容达成书面一致意见。

(二)施工单位按《公路工程质量检验评定标准》及相关规定对工程质量自检合格。

(三)监理单位对工程质量评定合格。

(四)质量监督机构按“公路工程质量鉴定办法”(见附件 1)对工程质量进行检测,并出具检测意见。检测意见中需整改的问题已经处理完毕。

(五)竣工文件按公路工程档案管理的有关要求,完成“公路工程项目文件归档范围”(见附件 2)第三、四、五部分(不含缺陷责任期资料)内容的收集、整理及归档工作。

(六)施工单位、监理单位完成本合同段的工作总结报告。

第五条　交工验收程序:

(一)施工单位完成合同约定的全部工程内容,且经施工自检和监理检验评定均合格后,提出合同段交工验收申请报监理单位审查。交工验收申请应附自检评定资料和施工总结报告。

(二)监理单位根据工程实际情况、抽检资料以及对合同段工程质量评定结果,对施工单位交工验收申请及其所附资料进行审查并签署意见。监理单位审查同意后,应同时向项目法人提交独立抽检资料、质量评定资料和监理工作报告。

(三)项目法人对施工单位的交工验收申请、监理单位的质量评定资料进行核查,必要时可委托有相应资质的检测机构进行重点抽查检测,认为合同段满足交工验收条件时应及时组织交工验收。

(四)对若干合同段完工时间相近的,项目法人可合并组织交工验收。对分段通车的项目,项目法人可按合同约定分段组织交工验收。

（五）通过交工验收的合同段，项目法人应及时颁发“公路工程交工验收证书”（见附件3）。

（六）各合同段全部验收合格后，项目法人应及时完成“公路工程交工验收报告”（见附件4）。

第六条　交工验收的主要工作内容：

（一）检查合同执行情况。

（二）检查施工自检报告、施工总结报告及施工资料。

（三）检查监理单位独立抽检资料、监理工作报告及质量评定资料。

（四）检查工程实体，审查有关资料，包括主要产品的质量抽（检）测报告。

（五）核查工程完工数量是否与批准的设计文件相符，是否与工程计量数量一致。

（六）对合同是否全面执行、工程质量是否合格做出结论。

（七）按合同段分别对设计、监理、施工等单位进行初步评价（评价表见附件表6-2~6-4）。

第七条　各合同段的设计、施工、监理等单位参加交工验收工作，由项目法人负责组织。路基工程作为单独合同段进行交工验收时，应邀请路面施工单位参加。拟交付使用的工程，应邀请运营、养护管理等相关单位参加。交通运输主管部门、公路管理机构、质量监督机构视情况参加交工验收。

第八条　合同段工程质量评分采用所含各单位工程质量评分的加权平均值。即：

$$\text{合同段工程质量评分值} = \frac{\Sigma(\text{单位工程质量评分值} \times \text{该单位工程投资额})}{\Sigma\ \text{单位工程投资额}}$$

工程各合同段交工验收结束后，由项目法人对整个工程项目进行工程质量评定，工程质量评分采用各合同段工程质量评分的加权平均值。即：

$$\text{工程项目质量评分值} = \frac{\Sigma(\text{合同段工程质量评分值} \times \text{该合同段投资额})}{\Sigma\ \text{合同段投资额}}$$

投资额原则使用结算价，当结算价暂时未确定时，可使用招标合同价，但在评分计算时应统一。

第九条　交工验收工程质量等级评定分为合格和不合格，工程质量评分值大于等于75分的为合格，小于75分的为不合格。

第十条　交工验收不合格的工程应返工整改，直至合格。

交工验收提出的工程质量缺陷等遗留问题，由项目法人责成施工单位限期完成整改。

第十一条　对通过交工验收工程，应及时安排养护管理。

第三章　竣 工 验 收

第十二条　按照公路工程管理权限，各级交通运输主管部门应于年初制定年度竣工验收计划，并按计划组织竣工验收工作。列入竣工验收计划的项目，项目法人应提前完成竣工验收前的准备工作。

第十三条　公路工程竣工验收应具备以下条件：

（一）通车试运营2年以上。

（二）交工验收提出的工程质量缺陷等遗留问题已全部处理完毕，并经项目法人验收合格。

（三）工程决算编制完成，竣工决算已经审计，并经交通运输主管部门或其授权单位认定。

（四）竣工文件已完成“公路工程项目文件归档范围”的全部内容。

（五）档案、环保等单项验收合格，土地使用手续已办理。

（六）各参建单位完成工作总结报告。

（七）质量监督机构对工程质量检测鉴定合格，并形成工程质量鉴定报告。

第十四条　竣工验收准备工作程序：

（一）公路工程符合竣工验收条件后，项目法人应按照公路工程管理权限及时向相关交通运输主管部门提出验收申请，其主要内容包括：

1.交工验收报告。

2.项目执行报告、设计工作报告、施工总结报告和监理工作报告。

3.项目基本建设程序的有关批复文件。

4.档案、环保等单项验收意见。

5.土地使用证或建设用地批复文件。

6.竣工决算的核备意见、审计报告及认定意见。

(二)相关交通运输主管部门对验收申请进行审查,必要时可组织现场核查。审查同意后报负责竣工验收的交通运输主管部门。

(三)以上文件齐全且符合条件的项目,由负责竣工验收的交通运输主管部门通知所属的质量监督机构开展质量鉴定工作。

(四)质量监督机构按要求完成质量鉴定工作,出具工程质量鉴定报告,并审核交工验收对设计、施工、监理初步评价结果,报送交通运输主管部门。

(五)工程质量鉴定等级为合格及以上的项目,负责竣工验收的交通运输主管部门及时组织竣工验收。

第十五条　竣工验收主要工作内容:

(一)成立竣工验收委员会。

(二)听取公路工程项目执行报告、设计工作报告、施工总结报告、监理工作报告及接管养护单位项目使用情况报告(见附件5“公路工程参建单位工作总结报告”)。

(三)听取公路工程质量监督报告及工程质量鉴定报告。

(四)竣工验收委员会成立专业检查组检查工程实体质量,审阅有关资料,形成书面检查意见。

(五)对项目法人建设管理工作进行综合评价。审定交工验收对设计单位、施工单位、监理单位的初步评价(见附件6“公路工程参建单位工作综合评价表”)。

(六)对工程质量进行评分,确定工程质量等级,并综合评价建设项目(见附件7“公路工程竣工验收评价表”)。

(七)形成并通过《公路工程竣工验收鉴定书》(见附件8)。

(八)负责竣工验收的交通运输主管部门印发《公路工程竣工验收鉴定书》。

(九)质量监督机构依据竣工验收结论,对各参建单位签发“公路工程参建单位工作综合评价等级证书”(见附件9)。

第十六条　竣工验收委员会由交通运输主管部门、公路管理机构、质量监督机构、造价管理机构等单位代表组成。国防公路应邀请军队代表参加。大中型项目及技术复杂工程,应邀请有关专家参加。

项目法人、设计、施工、监理、接管养护等单位代表参加竣工验收工作,但不作为竣工验收委员会成员。

第十七条　参加竣工验收工作各方的主要职责是:

竣工验收委员会负责对工程实体质量及建设情况进行全面检查。对工程质量进行评分,对各参建单位及建设项目进行综合评价,确定工程质量和建设项目等级,形成工程竣工验收鉴定书。

项目法人负责提交项目执行报告及验收工作所需资料,协助竣工验收委员会开展工作。

设计单位负责提交设计工作报告,配合竣工验收检查工作。

施工单位负责提交施工总结报告,提供各种资料,配合竣工验收检查工作。

监理单位负责提交监理工作报告,提供工程监理资料,配合竣工验收检查工作。

接管养护单位负责提交项目使用情况报告,配合竣工验收检查工作。

公路建设项目设计、施工、监理、接管养护等有多家单位的,项目法人应组织汇总设计工作报告、施工总结报告、监理工作报告、项目使用情况报告。竣工验收时选派代表向竣工验收委员会汇报。

第十八条　竣工验收工程质量评分采取加权平均法计算,其中交工验收工程质量得分权值为0.2,质量监督机构工程质量鉴定得分权值为0.6,竣工验收委员会对工程质量的评分权值为0.2。

对于交工验收和竣工验收合并进行的小型项目,质量监督机构工程质量鉴定得分权值为0.6,监理单位对工程质量评定得分权值为0.1,竣工验收委员会对工程质量的评分权值为0.3。

工程质量评分大于等于 90 分为优良,小于 90 分且大于等于 75 分为合格,小于 75 分为不合格。

第十九条　对建设项目出现以下特别严重问题的合同段,整改合格后,合同段工程质量不得评为优良,质量鉴定得分按照整改前的鉴定得分,超出 75 分的按 75 分,不足 75 分的按原得分;建设项目竣工验收工程质量等级和综合评定等级直接确定为合格。

(一)路基工程的大段落路基沉陷、大面积高边坡失稳。

(二)路面工程车辙深度大于 10mm 的路段累计长度超过该合同段车道总长度的 5%。

(三)特大桥梁主要受力结构需要或进行过加固、补强。

(四)隧道工程渗漏水经处治效果不明显,衬砌出现影响结构安全裂缝,衬砌厚度合格率小于 90%或有小于设计厚度二分之一的部位,空洞累计长度超过隧道长度的 3%或单个空洞面积大于 $3m^2$。

(五)重大质量事故或严重质量缺陷,造成历史性缺陷的工程。

第二十条　对建设项目出现以下严重问题的合同段,整改合格后,合同段工程质量不得评为优良,质量鉴定得分按 75 分计算;并视对建设项目的影响,由竣工验收委员会决定建设项目工程质量是否评为优良。

(一)路基工程的重要支挡工程严重变形。

(二)路面工程出现修补、唧浆、推移、网裂等病害路段累计长度超过路线的 3%或累计面积大于总面积的 1.5%;竣工验收复测路面弯沉合格率小于 90%。

(三)大桥、中桥主要受力结构需要或进行过加固、补强。

第二十一条　竣工验收委员会对项目法人及设计、施工、监理单位工作进行综合评价。评定得分大于等于 90 分且工程质量等级优良的为好,小于 90 分且大于等于 75 分为中,小于 75 分为差。

第二十二条　竣工验收建设项目综合评分采取加权平均法计算,其中竣工验收工程质量得分权值为 0.7,参建单位工作评价得分权值为 0.3(项目法人占 0.15,设计、施工、监理各占 0.05)。

评定得分大于等于 90 分且工程质量等级优良的为优良,小于 90 分且大于等于 75 分为合格,小于 75 分为不合格。

第二十三条　发生过重大及以上生产安全事故的建设项目综合评定等级不得评为优良。

第二十四条　根据《国务院关于促进节约用地的通知》(国发〔2008〕3 号)要求,竣工验收时需要核验建设项目依法用地和履行土地出让合同、划拨等情况。

第四章　附　　则

第二十五条　各合同段交工验收工作所需的费用由施工单位承担。整个建设项目竣(交)工验收期间质量监督机构进行工程质量检测所需的费用由项目法人承担。

质量监督机构可委托有相应资质的检测机构承担竣(交)工验收的检测工作。

第二十六条　本细则自 2010 年 5 月 1 日起施行。《关于贯彻执行公路工程竣交工验收办法有关事宜的通知》(交公路发〔2004〕446 号)同时废止。

附件:

附件 1　公路工程质量鉴定办法

附件 2　公路工程项目文件归档范围

附件 3　公路工程交工验收证书

附件 4　公路工程交工验收报告(略)

附件 5　公路工程参建单位工作总结报告(略)

附件 6　公路工程参建单位工作综合评价表(略)

附件 7　公路工程竣工验收评价表(略)

附件 8　公路工程竣工验收鉴定书(略)

附件 9　公路工程参建单位工作综合评价等级证书(略)

附件 1

公路工程质量鉴定办法

一、质量鉴定要求

(一)基本要求。

1.公路工程质量鉴定由该建设项目的质量监督机构或竣工验收单位指定的质量监督机构负责组织。

2.公路工程质量鉴定工作包括工程实体检测、外观检查和内业资料审查。

3.公路工程质量鉴定依据质量监督机构在交工验收前和竣工验收前的工程质量检测资料,同时可结合监督过程中的检查资料进行评定(必要时工程质量检测工作可委托有相应资质的检测机构承担)。

(二)单位工程和分部工程的划分。

1.单位工程。

每个合同段范围内的路基工程、路面工程、交通安全设施、机电工程、房屋建筑工程分别作为一个单位工程;特大桥、大桥、中桥、隧道以每座作为一个单位工程(特大桥、大桥、特长隧道、长隧道分为多个合同段施工时,以每个合同段作为一个单位工程);互通式立体交叉的路基、路面、交通安全设施按合同段纳入相应单位工程,桥梁工程按特大桥、大桥、中桥分别作为一个单位工程。

2.分部工程。

每个合同段的路基土石方、排水、小桥、涵洞、支挡、路面面层、标志、标线、防护栏等分别作为一个分部工程;桥梁上部、下部、桥面系分别作为一个分部工程;隧道衬砌、总体、路面分别作为一个分部工程;机电工程监控、通信、收费系统分别作为一个分部工程;房屋建筑工程按其专业工程质量检验评定标准评定。

(三)鉴定方法。

1.分部工程质量鉴定方法。

工程实体检测以本办法规定的抽查项目及频率为基础,按抽查项目的合格率加权平均乘 100 作为分部工程实测得分;外观检查发现的缺陷,在分部工程实测得分的基础上采用扣分制,扣分累计不得超过 15 分。

$$\text{分部工程实测得分} = \frac{\Sigma(\text{抽查项目合格率} \times \text{权值})}{\Sigma\ \text{权值}} \times 100$$

$$\text{分部工程得分} = \text{分部工程实测得分} - \text{外观扣分}$$

2.单位工程、合同段、建设项目工程质量鉴定方法。

根据分部工程得分采用加权平均值计算单位工程得分,再逐级加权计算合同段工程质量得分。内业资料审查发现的问题,在合同段工程质量得分的基础上采用扣分制,扣分累计不得超过 5 分;合同段工程质量得分减去内业资料扣分为该合同段工程质量鉴定得分。采用加权平均值计算建设项目工程质量鉴定得分。

$$\text{单位工程得分} = \frac{\Sigma(\text{分部工程得分} \times \text{权值})}{\Sigma\ \text{权值}}$$

$$\text{合同段工程质量鉴定得分} = \frac{\Sigma(\text{单位工程得分} \times \text{单位工程投资额})}{\Sigma\ \text{单位工程投资额}} - \text{内业资料扣分}$$

$$建设项目工程质量鉴定得分=\frac{\Sigma(合同段工程质量鉴定得分\times合同段工程投资额)}{\Sigma 合同段工程投资额}$$

公式中的投资额原则使用结算价，当结算价暂时无法确定时，可使用招标合同价。但无论采用结算价还是招标合同价，计算时各单位工程或合同段均应统一。

（四）工程质量等级鉴定。

1.总体要求。

路基整体稳定；路面无严重缺陷；桥梁、隧道等构造物结构安全稳定，混凝土强度、桩基检测、预应力构件的张拉应力、桥梁承载力等均符合设计要求；工程质量经施工自检和监理评定均合格，并经项目法人确认。不满足上述要求的工程质量鉴定不予通过。

2.工程质量等级划分。

工程质量等级应按分部工程、单位工程、合同段、建设项目逐级进行评定，分部工程质量等级分为合格、不合格两个等级；单位工程、合同段、建设项目工程质量等级分为优良、合格、不合格三个等级。

分部工程得分大于或等于 75 分、则分部工程质量为合格，否则为不合格。

单位工程所含各分部工程均合格，且单位工程得分大于或等于 90 分，质量等级为优良；所含各分部工程均合格且得分大于或等于 75 分、小于 90 分，质量等级为合格；否则为不合格。

合同段（建设项目）所含单位工程（合同段）均合格，且工程质量鉴定得分大于或等于 90 分，工程质量鉴定等级为优良；所含单位工程均合格，且得分大于或等于 75 分、小于 90 分，工程质量鉴定等级为合格；否则为不合格。

不合格分部工程经整修、加固、补强或返工后可重新进行鉴定，直至合格。

二、工程实体检测

（一）抽查频率。

1.路基工程压实度、边坡每公里抽查不少于一处，每个合同段路基压实度检查点数不少于 10 个。路基弯沉检测，高速、一级公路以每半幅每公里为评定单元，其他等级公路以每公里为评定单元。

2.排水工程的断面尺寸每公里抽查 2~3 处，铺砌厚度按合同段抽查不少于 3 处。

3.小桥抽查不少于总数的 20%且每种类型抽查不少于 1 座。

4.涵洞抽查不少于总数的 10%且每种类型抽查不少于 1 道。

5.支挡工程抽查不少于总数的 10%且每种类型抽查不少于 1 处。

6.路面工程的弯沉、平整度检测，高速、一级公路以每半幅每公里为评定单元，其他等级公路以每公里为评定单元。其他抽查项目每公里不少于 1 处。

7.特大桥、大桥逐座检查；中桥抽查不少于总数的 30%且每种桥型抽查不少于 1 座。

桥梁下部工程抽查不少于墩台总数的 20%且不少于 5 个，墩台数量少于 5 个时全部检测。每种结构型式抽查不少于 1 个。

桥梁上部工程抽查不少于总孔数的 20%且不少于 5 个，孔数少于 5 个时全部检测。每种结构型式抽查不少于 1 个。

8.隧道逐座检查。

9.交通安全设施中防护栏、标线每公里抽查不少于 1 处；标志抽查不少于总数的 10%。

10.机电工程各类设施抽查不少于 10%，每类设施少于 3 个时全部检测。

11.房屋建筑工程逐处检查。

（二）抽查项目。

公路工程质量鉴定抽查项目

<table>
<tr><th>单位工程</th><th>分部工程类别</th><th>抽 查 项 目</th><th>权值</th><th>备　注</th><th>权值</th></tr>
<tr><td rowspan="11">路基工程</td><td rowspan="3">路基土石方</td><td>压实度</td><td>3</td><td>每处每车道不少于1点</td><td rowspan="3">3</td></tr>
<tr><td>弯沉</td><td>3</td><td>每评定单元检测不少于40点,各车道交替检测</td></tr>
<tr><td>边坡</td><td>1</td><td>每处两侧各测不少于2个坡面</td></tr>
<tr><td rowspan="2">排水工程</td><td>断面尺寸</td><td>1</td><td>每处抽不少于2个断面</td><td rowspan="2">1</td></tr>
<tr><td>铺砌厚度</td><td>3</td><td>每处开挖检查不少于1个断面</td></tr>
<tr><td rowspan="2">小桥</td><td>混凝土强度</td><td>3</td><td>每座用回弹仪或超声波测上、下部结构各不少于10个测区</td><td rowspan="2">2</td></tr>
<tr><td>主要结构尺寸</td><td>1</td><td>每座抽10~20个</td></tr>
<tr><td rowspan="2">涵洞</td><td>混凝土强度</td><td>3</td><td>每处用回弹仪或超声波测不少于10个测区</td><td rowspan="3">1</td></tr>
<tr><td>结构尺寸</td><td>2</td><td>每道5~10个</td></tr>
<tr><td rowspan="2">支挡工程</td><td>混凝土强度</td><td>3</td><td>每处用回弹仪或超声波测不少于10个测区</td></tr>
<tr><td>断面尺寸</td><td>3</td><td>每处开挖检查不少于1个断面</td><td>2</td></tr>
<tr><td rowspan="10">路面工程</td><td rowspan="10">路面面层</td><td>沥青路面压实度</td><td>3</td><td>每处不少于1点</td><td rowspan="10">1</td></tr>
<tr><td>沥青路面弯沉*</td><td>3</td><td>每评定单元检测不少于40点,各车道交替检测</td></tr>
<tr><td>沥青路面车辙*</td><td>1</td><td>允许偏差:≤10mm;每处每车道至少测1个断面</td></tr>
<tr><td>沥青路面渗水系数</td><td>2</td><td>每处不少于1点</td></tr>
<tr><td>混凝土路面强度</td><td>3</td><td>每处不少于1点</td></tr>
<tr><td>混凝土路面相邻板高差*</td><td>1</td><td>每处测膨胀缝位置相邻板高差不少于3点</td></tr>
<tr><td>平整度*</td><td>2</td><td>高速、一级公路连续检测</td></tr>
<tr><td>抗滑*</td><td>2</td><td>高速、一级公路检测摩擦系数、构造深度</td></tr>
<tr><td>厚度</td><td>3</td><td>每处不少于1点</td></tr>
<tr><td>横坡</td><td>1</td><td>每处1~2个断面</td></tr>
<tr><td rowspan="8">桥梁(不含小桥)</td><td rowspan="4">下部</td><td>墩台混凝土强度</td><td>3</td><td>每墩台用回弹仪或超声波测不少于2个测区,测区总数不少于10个</td><td rowspan="3">2</td></tr>
<tr><td>主要结构尺寸</td><td>1</td><td>每个墩台测不少于2点</td></tr>
<tr><td>钢筋保护层厚度</td><td>1</td><td>每墩台测2~4处</td></tr>
<tr><td>墩台垂直度</td><td>1</td><td>每个墩台测两个方向</td><td rowspan="3">3</td></tr>
<tr><td rowspan="3">上部</td><td>混凝土强度</td><td>3</td><td>抽查主要承重构件,每孔用回弹仪或超声波测不少于10个测区</td></tr>
<tr><td>主要结构尺寸</td><td>2</td><td>每座桥测10~20点</td></tr>
<tr><td>钢筋保护层厚度</td><td>1</td><td>每孔测2~4处</td><td rowspan="2"></td></tr>
<tr><td>桥面系</td><td>伸缩缝与桥面高差*</td><td>1</td><td>逐条缝检测</td></tr>
</table>

续上表

单位工程	分部工程类别	抽查项目	权值	备注	权值
桥梁(不含小桥)	桥面系	桥面铺装平整度*	1	每联>100m时用连续式平整度仪分车道检测;不足100m时每联用3米直尺测3处,每处3尺,最大间隙h:高速、一级公路允许偏差3mm,其他公路允许偏差5mm	2
		横坡	1	每100m测不少于3个断面	
		桥面抗滑*	2	每200m测不少于3处	
隧道工程	衬砌	衬砌强度	3	用回弹仪或超声波每座中、短隧道测不少于10个测区,特长、长隧道测不少于20个测区	3
		衬砌厚度	3	用高频地质雷达连续检测拱顶、拱腰三条线或钻孔检查	
		大面平整度	1	衬砌平整度实测每座中、短隧道测5~10处,长隧道测10~20处,特长隧道测20处以上	
	总体	宽度	1	每座中、短隧道测5~10点,长隧道测10~20点,特长隧道测不少于20点	1
		净空	2	每座中、短隧道测5~10点,长隧道测10~20点,特长隧道测不少于20点	
	隧道路面	面层		按照路面要求	2
交通安全设施	标志	立柱竖直度	1	每柱测两个方向	1
		标志板净空	2	取不利点	
		标志板厚度	1	每块测不少于2点	
		标志面反光膜等级及逆射光系数	2	每块测不少于2点	
	标线	反光标线逆反射系数	2	每处测不少于5点	1
		标线厚度	2	每处测不少于5点	
	防护栏	波形梁板基底金属厚度	2	每处不少于5点	2
		波形梁钢护栏立柱壁厚	2	每处不少于5点	
		波形梁钢护栏立柱埋入深度	2	每处不少于1根	
		波形梁钢护栏横梁中心高度	1	每处不少于5点	
		混凝土护栏强度	2	用回弹仪或超声波每处不少于2个测区,测区总数不少于10个	
		混凝土护栏断面尺寸	2	每处不少于5点	
机电工程	监控系统	闭路电视监视系统传输通道指标	1	测点数不少于3个,少于3个时全部检测	1
		可变标志显示屏平均亮度	1	测点数不少于3个,少于3个时全部检测	
		计算机网健康测试	1	测点数不少于3个,少于3个时全部检测	

续上表

单位工程	分部工程类别	抽查项目	权值	备　　注	权值
机电工程	监控系统	接地电阻、绝缘电阻	1	测点数不少于3个,少于3个时全部检测	1
	通信系统	光纤接头损耗平均值	1	测点数不少于3个,少于3个时全部检测	1
		光纤数字传输误码指标	1	测点数不少于3个,少于3个时全部检测	
		数字程控交换接通率	1	测点数不少于3个,少于3个时全部检测	
		车道设备各车种处理流程	1	测点数不少于3个,少于3个时全部检测	
	收费系统	接地电阻、绝缘电阻	1	测点数不少于3个,少于3个时全部检测	1
房屋建筑工程	(按其专业工程质量检验评定标准评定)				

注:表中"支挡工程"指挡土墙、抗滑桩、铺砌式坡面防护、喷锚等防护工程。

(三)抽查要求。

1.本办法规定的抽查项目均应在合同段交工验收前完成检测。竣工验收前,应对带"*"的抽查项目进行复测,复测结果和其他抽查项目在交工验收时的检测结果,作为竣工验收质量评定的依据。沥青路面弯沉、平整度、抗滑等复测指标的质量评定标准根据相关规范及当地实际情况确定。

2.本办法未列出的检查项目、竣工验收复测项目以及技术复杂的悬索桥、斜拉桥等工程,质量监督机构均可根据工程实际情况增加检测、复测项目。

3. 本办法未明确规定抽查项目的规定值或允许偏差的,按照《公路工程质量检验评定标准》执行。

4.对弯沉、路面厚度、平整度、摩擦系数、隧道衬砌混凝土强度及厚度等抽查项目优先采用自动化检测(或无损检测)设备进行检测,也可采用常规方法进行检测。采用无测试规程的自动化检测(或无损检测)结果有争议时,由交通运输主管部门组织有关专家确定。

5.竣工验收前复测的沥青路面弯沉值评定方法:采用数理统计方法评定,以每评定单元计算实测弯沉代表值,可采用3倍标准差方法对特异数据进行一次性舍弃;若计算实测弯沉代表值满足设计要求,该评定单元为合格,否则为不合格;以合同段内合格的评定单元数与总的评定单元数比值为该合同段内竣工验收复测路面弯沉合格率。对于大于3倍标准差的舍弃点及不合格单元要加强观察。

三、外观检查

(一)基本要求。

1.由该项目工程质量鉴定的质量监督机构或其委托的有资质的检测单位负责在交工验收前和竣工验收前对工程外观进行全面检查。

2.工程外观存在严重缺陷、安全隐患或已降低服务水平的建设项目不予验收,经整修达到设计要求后方可组织验收。

3.项目交工验收前应对桥梁、隧道、重点支挡工程、高边坡等涉及安全运营的重要工程部位进行详细检查。

(二)检查内容及扣分标准。

公路工程质量鉴定外观检查

单位工程	分部工程类别	检查内容及扣分标准	备　　注
路基工程	路基土石方	1.路基边坡坡面平顺、稳定,曲线圆滑,不得亏坡,不符合要求时,单向累计长度每50m扣1~2分; 2.路基沉陷、开裂,每处扣2~5分	按每公里累计扣分的平均值扣分
	排水工程	1.排水沟内侧及沟底应平顺,无阻水现象,外侧无脱空,不符合要求时,每处扣1~2分; 2.砌体坚实、勾缝牢固,不符合要求时,每5m扣1分	按每公里累计扣分的平均值扣分

续上表

单位工程	分部工程类别	检查内容及扣分标准	备注
路基工程	小桥	1.混凝土表面粗糙，模板接缝处不平顺，有漏浆现象，扣1~3分； 2.梁板及接缝渗、漏水，每处扣1分； 3.混凝土表面蜂窝麻面面积不得超过该部位面积的0.5%，不符合要求时，每超过0.5%扣3分； 4.桥梁的内外轮廓线条应顺滑清晰，栏杆、护栏应牢固、直顺、美观，不符合要求时扣1~3分； 5.桥头路面平顺，无跳车现象，不符合要求时扣2~4分； 6.桥下施工弃料应清理干净，不符合要求时扣1~3分	按每座累计扣分的平均值扣分
	涵洞	1.涵洞进出口不顺适，洞身不直顺，帽石、八字墙、一字墙不平直，存在翘曲现象，洞内有杂物、淤泥、阻水现象时，每种病害扣1~3分； 2.台身、涵底铺砌、拱圈、盖板有裂缝时，每道裂缝扣1~3分； 3.涵洞处路面平顺，无跳车现象，不符合要求时扣2~4分	按每道累计扣分的平均值扣分
	支挡工程	1.砌体表面平整，砌缝完好、无开裂现象，勾缝平顺、无脱落现象，不符合要求时扣1~3分； 2.沉降缝垂直、整齐，上下贯通，不符合要求时，扣1~3分； 3.泄水孔坡度向外，无阻塞现象，不符合要求时，扣1~3分； 4.混凝土表面的蜂窝麻面不得超过该部位面积的0.5%，不符合要求时，每超过0.5%扣3分； 5.墙身裂缝，局部破损，每处扣3分	按每处累计扣分值的平均值扣分
路面工程	面层	水泥混凝土路面： 1.混凝土板的断裂块数，高速公路和一级公路不得超过0.2%；其他公路不得超过0.4%，每超过0.1%扣2分； 2.混凝土板表面的脱皮、印痕、裂纹、石子外露和缺边掉角等病害现象，高速公路和一级公路不得超过受检面积的0.2%；其他公路不得超过0.3%，不符合要求时，每超过0.1%扣2分。对于连续配筋的混凝土路面和钢筋混凝土路面，因干缩、温缩产生的裂缝，可不扣分； 3.路面侧石应直顺、曲线圆滑，越位20mm以上者，每处扣1~2分； 4.接缝填筑应饱满密实，不污染路面。不符合要求时，累计长度每100m扣2分； 5.胀缝有明显缺陷时，每条扣1~2分 沥青混凝土面层、沥青碎石面层： 1.面层有修补现象，每处扣1~3分； 2.表面应平整密实，不应有泛油、松散、裂缝和明显离析等现象，对于高速公路和一级公路，有上述缺陷的面积（凡属单条的裂缝，则按其实际长度乘以0.2m宽度，折算成面积）之和不得超过受检面积的0.03%，其他公路不得超过0.05%。不符合要求时每超过0.03%或0.05%扣2分；半刚性基层的反射裂缝可不计作施工缺陷，但应及时进行灌缝处理； 3.搭接处应紧密、平顺，烫缝不应枯焦。不符合要求时，累计每10m长扣1分； 4.面层与路缘石及其他构筑物应密贴接顺，不得有积水或漏水现象，不符合要求时，每处扣1~2分 沥青表面处治： 1.表面应平整密实，不应有松散、油包、波浪、泛油、封面料明显散失等现象，有上述缺陷的面积之和不得超过受检面积的0.2%，不符合要求时每超过0.2%扣2分； 2.无明显碾压轮迹。不符合要求时，每处扣1分； 3.面层与路缘石及其他构筑物应密贴接顺，不得有积水现象。不符合要求时，每处扣1~2分	按每公里累计扣分的平均值扣分

续上表

单位工程	分部工程类别	检查内容及扣分标准	备　注
桥梁工程(不含小桥)	下部工程、上部工程及桥面系	基本要求： 1.混凝土表面平滑,模板接缝处平顺,无漏浆现象,不符合要求时扣1~3分； 2.混凝土表面蜂窝麻面面积不得超过该部位面积的0.5%,不符合要求时,每超过0.5%扣3分； 3.混凝土表面出现非受力裂缝,减1~3分；结构出现受力裂缝宽度超过设计规定或设计未规定时,超过0.15mm,每条扣2~3分,项目法人应对其是否影响结构承载力组织分析论证； 4.混凝土结构有空洞或钢筋外露,每处扣2~5分,并应进行处理； 5.施工临时预埋件、设施及建筑垃圾、杂物等未清除处理时扣1~2分 下部结构要求： 1.支座位置应准确,不得有偏歪、不均匀受力、脱空及非正常变形现象,不符合要求时每个扣1分； 2.锥、护坡按路基工程的支挡工程标准检查扣分,若沉陷,每处扣1~3分,并应进行处理 上部结构要求： 1.预制构件安装应平整,不符合要求时每处扣1分； 2.悬臂浇筑的各梁段之间应接缝平顺,色泽一致,无明显错台,不符合要求时每处扣2~5分； 3.主体钢结构外露部分的涂装和钢缆的防护防蚀层必须保护完好,不符合要求时扣1~2分,并应及时处理； 4.拱桥主拱圈线形圆滑无局部凹凸,不符合要求时扣2~5分,拱圈无裂缝,不符合要求时扣2~5分,并对其是否影响结构承载力进行分析论证, 5.梁板及接缝梁间湿接缝渗、漏水,每处扣1分 桥面系要求： 1.桥梁的内外轮廓线应顺滑清晰,不符合要求时,扣1~3分； 2.栏杆、护栏应牢固、直顺、美观,不符合要求时,扣1~2分； 3.桥面铺装沥青混凝土表面应平整密实,不应有泛油、松散、裂缝、明显离析等现象,有上述缺陷的面积(凡属单条的裂缝,则按其实际长度乘以0.2m宽度,折算成面积)之和不得超过受检面积的0.03%,不符合要求时每超过0.03%扣1分； 4.伸缩缝无阻塞、变形、开裂现象,不符合要求时减1~3分；桥头有跳车现象,每处扣2~4分； 5.泄水管安装不阻水,桥面无低凹,排水良好,不符合要求时扣3~5分	基本要求同时适用于下部结构、上部结构和桥面系

续上表

单位工程	分部工程类别	检查内容及扣分标准	备　注
隧道工程	衬砌	1.混凝土衬砌表面密实，任一延米的隧道面积中，蜂窝麻面和气泡面积不超过0.5%，不符合要求时，每超过0.5%扣0.5~1分；蜂窝麻面深度超过5mm时不论面积大小，每处扣1分； 2.施工缝平顺无错台，不符合要求时每处扣1~2分； 3.隧道衬砌混凝土表面出现裂缝，每条裂缝扣0.5~2分；出现受力裂缝时，钢筋混凝土结构裂缝宽度大于0.2mm的或混凝土结构裂缝宽度大于0.4mm的，每条扣2~5分，项目法人应对其是否影响结构安全组织分析论证	
	总体	1.洞内没有渗漏水现象，不符合要求时，高速公路、一级公路扣5~10分，其他公路隧道扣1~5分。冻融地区存在渗漏现象时扣分取高限； 2.洞内排水系统应畅通、无阻塞，不符合要求时扣2~5分，并应查明原因进行处理； 3.隧道洞门按支挡工程的要求检查扣分	
	隧道路面	按路面工程的扣分标准检查扣分	
交通安全设施	标志	1.金属构件镀锌面不得有划痕、擦伤等损伤，不符合要求时，每一构件扣2分； 2.标志板面不得有划痕、较大气泡和颜色不均匀等表面缺陷，不符合要求时，每块板扣2分	标志按每块累计扣分的平均值扣分
	标线	1.标线施工污染路面应及时清理，每处污染面积不超过10cm^2，不符合要求时，每处减1分； 2.标线线形应流畅，与道路线形相协调，曲线圆滑，不允许出现折线，不符合要求时，每处扣2分； 3.反光标线玻璃珠应撒布均匀，附着牢固，反光均匀，不符合要求时，每处扣2分； 4.标线表面不应出现网状裂缝、断裂裂缝、起泡现象，不符合要求时，每处扣1分	按每公里累计扣分的平均值扣分
	防护栏	1.波形梁线形顺适，色泽一致，不符合要求时，每处扣1~2分； 2.立柱顶部应无明显塌边、变形、开裂等现象，不符合要求时，每处扣2分； 3.混凝土护栏预制块不得有断裂现象，不符合要求时每处扣1分；掉边、掉角长度每处不得超过2cm，否则每块混凝土构件扣1分；混凝土表面蜂窝、麻面、裂缝、脱皮等缺陷面积不超过该构件面积的0.5%，不符合要求时，每超过0.5%扣2分	按每公里累计扣分的平均值扣分
机电工程	监控、通信、收费系统	1.各系统基本功能齐全、运行稳定，满足设计和管理要求，每一个系统不符合要求时扣2~4分； 2.机电设施布置安装合理，方便操作、维护；各设备表面光泽一致，保护措施得当，无明显划伤、剥落、锈蚀、积水现象；部件排列整齐、有序，牢固可靠，标识正确、清楚；不符合要求时每处扣0.5~1分	按每系统累计扣分
房屋建筑工程	（按其专业工程质量检验评定标准扣分）		

四、内业资料审查

内业资料主要审查以下质量保证资料：

1.所用原材料、半成品和成品质量检验结果。

2.材料配比、拌和加工控制检验和试验数据。

3.地基处理、隐蔽工程施工记录和大桥、隧道施工监控资料。

4.各项质量控制指标的试验记录和质量检验汇总图表。

5.施工过程中遇到的非正常情况记录及其对工程质量影响分析。

6.施工过程中如发生质量事故，经处理补救后，达到设计要求的认可证明文件。

7.中间交工验收资料。

8.施工过程各方指出较大质量问题、交工验收遗留问题及试运营期出现的质量问题处理情况资料。

分部工程、单位工程、合同段工程和建设项目质量鉴定表分别见表 1-1 至表 1-4。

分部工程质量鉴定表　　表 1-1

合同段：　　分部工程名称：　　所属建设项目：

工程部位：　　施工单位：　　监理单位：

（桩号、墩台号、孔号）

	项次	抽查项目	规定值或允许偏差	实测值或实测偏差值										质量评定		
				1	2	3	4	5	6	7	8	9	10	合格率（%）	权值	加权得分
实测项目																
	合计															
实测得分			外观扣分			分部工程得分						质量等级				

鉴定负责人：　　检测：　　记录：　　复核：　　年　月　日

单位工程质量鉴定表

表 1-2

单位工程名称：　　　　　　　　　　所属建设项目：

路线名称：　　　　　　　　　　　　工程地点、桩号：

施工单位：　　　　　　　　　　　　监理单位：

合同段	分部工程				备注
	工程名称	质量评定			
		实得分数	权值	加权得分	
	合计				
单位工程得分				质量等级	

鉴定负责人：　　　　　　　　计算：　　　　　　　　复核：　　　　　年　　月　　日

合同段工程质量鉴定表

表 1-3

合同段名称：　　　　　　　　　　所属建设项目：

施工单位：　　　　　　　　　　　监理单位：

单位工程名称	实得分	投资额	实得分×投资额	质量等级	备注
合计					
合同段实测得分			内业资料扣分		
合同段鉴定得分			质量等级		

鉴定负责人：　　　　　　　　计算：　　　　　　　　复核：　　　　　年　　月　　日

建设项目质量鉴定表　　　　表 1-4

项目名称：　　　　　　　　路线名称：

起讫桩号：　　　　　　　　完工日期：

合同段	实得分	投资额	实得分×投资额	质量等级	备注
合计					
鉴定得分			质量等级		

鉴定负责人：　　　　　　计算：　　　　　　复核：　　　　年　　月　　日

内业资料要求及扣分标准如下：

1.质量保证资料及最基本的数据、资料齐全后方可组织鉴定。

2.资料应真实、可靠，应有施工过程中的原始记录、原始资料(原件)，不应有伪造涂改现象，有欠缺时扣2~4分。

3.资料应齐全、完整，有欠缺时扣1~3分。

4.资料应系统、客观，反映出检查项目、频率、质量指标满足有关标准、规范要求，有欠缺时扣1~3分。

5.资料记录应字迹清晰、内容详细、计算准确，整理应分类编排、装订整齐，有欠缺时扣1~2分。

6.基本数据(原材料、标准试验、工艺试验等)、检验评定数据有严重不真实或伪造现象的，在合同段扣5分。

五、工程质量检测意见、项目检测报告、质量鉴定报告内容

质量监督机构的检测意见、项目检测报告、质量鉴定报告应在对检测结果分析的基础上提出。

工程质量检测意见主要包括：检测工作是否完成，指出工程质量存在的缺陷，交工验收前需完善的问题，主要意见。

项目检测报告主要包括：检测结果及工程质量的基本评价，工程质量存在的主要问题和缺陷，工程质量是否具备试运营条件。

质量鉴定报告主要包括：鉴定工作依据，抽查项目检测数据、外观检查、内业资料审查及复测部分指标情况，交工验收提出的质量问题、质量监督机构指出的问题及试运营期间出现的质量缺陷等的处理情况，鉴定评分及质量等级。

附件 2

公路工程项目文件归档范围

第一部分　综 合 文 件

一、竣(交)工验收文件

(一)竣工验收文件(附件 6、7、8 相关内容及竣工验收委员会各专业检查组意见)。

(二)交工验收文件(附件 3、4 相关内容)。

(三)工程单项验收文件(环保、档案等)。

(四)各参建单位总结报告。

(五)接管养护单位项目使用情况报告。

二、建设依据及上级有关指示

(一)项目建议书及批准文件。

(二)工程可行性研究报告及批准文件。

(三)水土保持批准文件。

(四)环境影响评价及批准文件。

(五)文物调查、保护等文件。

(六)初步设计文件及批准文件。

(七)施工图设计文件及批准文件。

(八)设计变更文件及批准文件。

(九)设计中重大技术问题往来文件、会议纪要。

(十)施工许可批准文件。

(十一)上级单位有关指示。

三、征地拆迁资料

(一)征地拆迁合同协议。

(二)征地批文。

(三)征用土地数量一览表。

(四)占地图及土地使用证。

(五)拆迁数量一览表。

四、工程管理文件

(一)招标文件。

(二)投标文件、评标报告。

(三)合同书、协议书。

(四)技术文件及补充文件。

(五)建设单位往来文件。

(六)工程质量责任登记表。

(七)其他文件及资料。

第二部分　决算和审计文件

一、支付报表

二、财务决算文件

三、工程决算文件
四、项目审计文件
五、其他文件

第三部分　监 理 资 料

一、监理管理文件
二、工程质量控制文件
(一)质量控制措施、规定及往来文件。
(二)监理独立抽检资料(注:编排顺序参照第四部分)。
(三)交工验收工程质量评定资料。
三、工程进度计划管理文件
四、工程合同管理文件
五、其他文件
六、其他资料
监理日志,会议记录、纪要,工程照片,音像资料。
监理机构及人员情况,各级监理人员的工作范围、责任划分、工作制度。

第四部分　施 工 资 料

一、竣工图表
(一)变更设计一览表。
(二)变更图纸。
(三)工程竣工图。
二、工程管理文件
施工组织机构及人员,岗位责任划分,施工组织设计,技术交底文件,会议纪要等。
三、施工质量控制文件
(一)工程质量管理文件。
1.工程质量往来文件(质量保证体系,专项技术方案等)。
2.工程质量自检报告及工程质量检验评定资料。
3.工程质量事故及处理情况报告、补救后达到要求的认可证明文件。
4.桥梁荷载试验报告。
5.桥梁基础检验汇总资料。
6.施工中遇到的非正常情况记录、处理方案、施工工艺、质量检测记录及观察记录、对工程质量影响分析。
7.交工验收施工单位的自检评定资料。
(二)材料及标准试验。
1.原材料、外购成品、半成品抽检试验报告及资料。
2.外购材料(产品) 出厂合格证书、检验报告及质量鉴定报告。
3.各种标准试验、配合比设计报告。
(三)施工工序资料。
1.路基工程。
(1)路基土石方工程。

ⅰ.地表处理资料。
ⅱ.不良地质处理方案、施工资料、检测资料。
ⅲ.分层压实资料。
ⅳ.路基检测、验收资料。
ⅴ.分段资料汇总。
(2)防护工程。
ⅰ.基坑放样、开挖处理、试验检测资料。
ⅱ.各工序施工记录、检测、试验资料。
ⅲ.成品检测资料。
ⅳ.砂浆(混凝土)强度试验资料。
(3)小桥工程
ⅰ.基坑放样、开挖处理、试验检测资料。
ⅱ.基础施工检查、试验资料,桩基检测资料。
ⅲ.各分项施工工序检查、成品检测资料。
ⅳ.砂浆强度、混凝土强度、台背回填压实度等试验报告及汇总表。
(4)排水工程。
ⅰ.基坑放样、开挖处理、试验检测资料。
ⅱ.各施工工序检查、成品检测资料。
ⅲ.砂浆、混凝土强度试验资料。
(5)涵洞工程。
ⅰ.基坑放样、开挖处理、试验检测资料。
ⅱ.各施工工序检查、成品检测资料。
ⅲ.砂浆强度、混凝土强度、台背回填压实度等试验报告及汇总表。
2.路面工程。
(1)施工工序检查资料。
(2)材料配合比抽检(油石比、马歇尔试验等)资料。
(3)压实度、弯沉、强度等试验检测报告及汇总资料。
3.桥梁工程。
(1)基坑放样、开挖处理、试验检测资料。
(2)基础施工检查、试验资料,桩基检测资料。
(3)墩台、现浇构件、预制构件、预应力等施工工序检查、成品检测资料。
(4)各工序施工、检测记录。
(5)砂浆强度、混凝土强度、台背回填压实度等试验报告及汇总表。
(6)引道工程施工检测、试验资料。
4.隧道工程。
(1)洞身开挖施工、检查资料。
(2)衬砌施工、检验资料。
(3)隧道路面工程施工、检查资料。
(4)照明、通风、消防设施施工、检查资料。
(5)洞口施工检查资料。
(6)各种附属设施检验施工资料。
(7)各环节工序检查、验收资料。
(8)隧道衬砌厚度、混凝土(砂浆)强度试验检测资料。

5.交通安全设施。

(1)各种标志牌制作安装检查记录。

(2)标线检查资料、施工记录。

(3)防撞护栏、隔离栅及附属设施施工、检查资料。

(4)照明系统施工、检测资料。

(5)各中间环节检测资料。

(6)成品检测资料。

6.房屋建筑工程。

按建筑部门有关法规、资料编制办法管理、汇总。

7.机电工程。

8.绿化工程。

(四)缺陷责任期资料。

四、施工安全及文明施工文件

(一)安全生产的有关文件。

安全组织机构及人员、岗位责任、安全保证体系、施工专项技术方案、技术交底文件等。

(二)安全事故的调查处理文件。

(三)文明施工的有关文件。

五、进度控制文件

(一)进度计划(文件、图表)、批准文件。

(二)进度执行情况(文件、图表)。

(三)有关进度的往来文件。

六、计量支付文件

七、合同管理文件

八、施工原始记录

(一)施工日志。

(二)天气、温度及自然灾害记录。

(三)测量原始记录。

(四)各工序施工原始记录(未汇入施工质量控制文件的部分)。

(五)会议记录、纪要。

(六)施工照片、音像资料。

(七)其他原始记录。

第五部分　科研、新技术资料

一、科研资料

二、新技术应用资料

(批准的所有科研、新技术资料均要整理归档)。

附件 3

公路工程交工验收证书

交工验收时间：　　　　　　　　　　　　　　　　　　　　　　合同段交工验收证书第　　号

<table>
<tr><td colspan="3">工程名称：</td><td colspan="2">合同段名称及编号：</td></tr>
<tr><td colspan="3">项目法人：</td><td colspan="2">设计单位：</td></tr>
<tr><td colspan="3">施工单位：</td><td colspan="2">监理单位：</td></tr>
<tr><td colspan="5">本合同段主要工程量：</td></tr>
<tr><td>本合同段价款</td><td>原合同</td><td></td><td>实际</td><td></td></tr>
<tr><td>本合同段工期</td><td>原合同</td><td></td><td>实际</td><td></td></tr>
<tr><td colspan="5">对工程质量、合同执行情况的评价、遗留问题、缺陷的处理意见及有关决定(内容较多时,可用附件)</td></tr>
<tr><td colspan="5">(施工单位的意见)
施工单位法人代表或授权人(签字)　　单位盖章
年　月　日</td></tr>
<tr><td colspan="5">(合同段监理单位对有关问题的意见)
合同段监理单位法人代表或授权人(签字)　　单位盖章
年　月　日</td></tr>
<tr><td colspan="5">(设计单位的意见)
设计单位法人代表或授权人(签字)　　单位盖章
年　月　日</td></tr>
<tr><td colspan="5">(项目法人的意见)
项目法人代表或授权人(签字)　　单位盖章
年　月　日</td></tr>
</table>

注:表中内容较多时,可用附件。

附录 B

高速公路项目交工检测质量不符合项清单

项目	代 码	内 容
路基工程	ALJ15101	非软土路基的沉降最大处超过 50mm,或沉降 30mm 以上长度累计超过合同段路基长度的 5%
	ALJ15102	边坡单处塌方长度超过 10m,或多处塌方累计长度超过合同段边坡长度的 5%
	ALJ15103	路基构造物单处损坏(挡土墙、坡面防护、排水设施等断裂或严重沉陷、坍塌)长度超过 10m,或多处损坏累计长度超过合同段同类工程长度的 5%
路面工程	ALM15101	沥青路面横向力系数(SFC)代表值小于设计值
	ALM15102	沥青路面出现松散、严重泛油、明显离析和裂缝(少量反射裂缝除外)等现象
	ALM15103	水泥混凝土路面存在断板情况
桥梁工程	AQL15101	基础及下部构造、上部构造混凝土强度达不到设计要求
	AQL15102	墩、台存在的裂缝超出有关标准和规范规定
	AQL15103	预应力混凝土梁等受弯构件存在梁体竖向裂缝或宽度大于 0.2mm 的纵向裂缝
	AQL15104	钢筋混凝土梁的主筋附近存在宽度大于 0.2mm 竖向裂缝,或梁腹板存在宽度大于 0.3mm 斜向或水平向裂缝
	AQL15105	拱桥墩、台的位移或沉降超过设计允许值
隧道工程	ASD15101	二衬混凝土强度达不到设计要求
	ASD15102	隧道路面存在涌流、沙土流出等问题
	ASD151023	隧道路面存在隆起,路面板明显错台、断裂
交安设施	AJA15101	波形梁钢护栏梁板基底金属厚度、立柱壁厚不满足设计要求或相关标准规定
	AJA15102	波形梁钢护栏横梁中心高度或立柱埋深不满足设计
	AJA15103	波形梁钢护栏拼接螺栓抗拉强度不足
总体要求	AZT15101	工程未完工,交工检测发现问题未整改或整改不到位
	AZT15102	影响桥梁、隧道结构安全问题的整改未经设计单位认可,整改工程未经监理单位验收合格和建设单位确认

附录 C

高速公路项目竣工鉴定质量不符合项清单

项目	代　　码	内　　容
路基工程	BLJ15101	非软土路基的沉降最大处超过 150mm，或沉降 30mm 以上累计超过合同段路基长度的 5%
	BLJ15102	边坡单处塌方长度超过 10m，或多处塌方累计长度超过合同段边坡长度的 5%
	BLJ15103	路基构造物单处损坏（挡土墙、坡面防护、排水设施等断裂或严重沉陷、坍塌）长度超过 10m，或多处损坏累计长度超过合同段同类工程长度的 5%
路面工程	BLM15101	沥青路面横向力系数（SFC）代表值小于 40
	BLM15102	深度 10mm 以上的车辙累计长度超过该合同段被检车道长度的 5%，或 15mm 以上车辙损坏连续长度超过 300m
	BLM15103	沥青路面纵向裂缝（含已处理）累计长度超过合同段被检路段总长的 10%，或连续长度超过 100m
	BLM15104	沥青路面出现坑槽、松散、泛油、拥包等病害，累计破损面积超过合同段被检路段面积的 0.4%
	BLM15105	水泥混凝土路面裂缝和板角断裂的破损面积超过合同段被检路段面积的 0.8%，或单车道连续破损面积超过 375m^2
桥梁工程	BQL15101	下部构造、上部构造混凝土强度达不到设计要求
	BQL15102	侵蚀性水域有筋墩台存在宽度大于 0.2mm 裂缝，或常年有水无侵蚀性水域有筋墩台存在宽度大于 0.25mm 裂缝，或干沟或季节性有水河流墩台存在大于 0.4mm 裂缝，或墩台有冻结作用的部分存在大于 0.2mm 裂缝
	BQL15103	拱桥墩、台的位移或沉降超过设计允许值
	BQL15104	因施工质量差导致桥梁工程实施过加固
隧道工程	BSD15101	二衬混凝土强度达不到设计要求
	BSD15102	隧道路面存在涌流、沙土流出等问题
	BSD15103	隧道路面存在隆起，路面板明显错台、断裂
	BSD15104	因施工质量差导致隧道二衬、仰拱等实施过加固
总体要求	BZT15101	举报或事故调查发现路基软基处理，桥梁桩柱或梁板，隧道锚杆、拱架、衬砌等存在偷工减料
	BZT15102	有关单位对交工质量检测发现的问题、交工遗留问题、试运行期间发现问题未整改，整改方案未经项目设计单位认可，整改工程未经监理单位验收合格和建设单位确认
	BZT15103	工艺工序未按设计和规范组织实施，造成软土路基沉降期不满足设计要求，沥青路面摊铺施工环境温度不适宜，桥梁构件、隧道二衬等的混凝土强度不满足设计和规范规定即转序等问题，经专家论证工程耐久性缺乏保障

注：对于 BLM15103，经专家论证确定属于路基沉降原因导致沥青路面出现纵向裂缝的除外，作为路基工程问题，按 BLJ15101 执行。

附录 D

公路工程项目管理人员名单履历表

<table>
<tr><td>姓名</td><td></td><td>年龄</td><td></td><td>学历</td><td></td></tr>
<tr><td>职称</td><td></td><td>公司/单位
职务</td><td></td><td>拟在本标段
工程担任职务</td><td></td></tr>
<tr><td>毕业学校</td><td colspan="5">______年__月毕业于__________学校______专业,学制__年</td></tr>
<tr><td colspan="6">经历</td></tr>
<tr><td>___年~___年</td><td colspan="2">参加过的工程项目名称</td><td>担任职务</td><td colspan="2">发包人及
联系电话</td></tr>
<tr><td></td><td colspan="2"></td><td></td><td colspan="2"></td></tr>
<tr><td></td><td colspan="2"></td><td></td><td colspan="2"></td></tr>
<tr><td></td><td colspan="2"></td><td></td><td colspan="2"></td></tr>
<tr><td></td><td colspan="2"></td><td></td><td colspan="2"></td></tr>
<tr><td></td><td colspan="2"></td><td></td><td colspan="2"></td></tr>
<tr><td></td><td colspan="2"></td><td></td><td colspan="2"></td></tr>
<tr><td></td><td colspan="2"></td><td></td><td colspan="2"></td></tr>
<tr><td></td><td colspan="2"></td><td></td><td colspan="2"></td></tr>
<tr><td></td><td colspan="2"></td><td></td><td colspan="2"></td></tr>
<tr><td></td><td colspan="2"></td><td></td><td colspan="2"></td></tr>
<tr><td></td><td colspan="2"></td><td></td><td colspan="2"></td></tr>
<tr><td></td><td colspan="2"></td><td></td><td colspan="2"></td></tr>
<tr><td></td><td colspan="2"></td><td></td><td colspan="2"></td></tr>
<tr><td colspan="2">获奖情况</td><td colspan="4"></td></tr>
<tr><td rowspan="3">目前任职
项目状况</td><td>项目名称</td><td colspan="4"></td></tr>
<tr><td>担任职位</td><td colspan="4"></td></tr>
<tr><td>可以调离日期</td><td colspan="4"></td></tr>
<tr><td colspan="2">备注</td><td colspan="4"></td></tr>
</table>

注:1.本表后应附项目经理(以及备选人)、项目总工(以及备选人)、财务负责人(以及备选人)及试验室主任(以及备选人)身份证(第二代身份证,包括正面和背面)、毕业证、职称资格证书、相关执业资格证书等的彩色扫描件,如项目经理的建造师注册证(注册单位名称必须与投标人名称一致)、项目经理的安全生产考核合格证,试验室主任的试验检测工程师证等,所有证件均应在有效期内,彩色扫描件均应清晰可辨;此外,还应提供项目经理(以及备选人)、项目总工(以及备选人)、财务负责人(以及备选人)及试验室主任(以及备选人)担任的类似项目个数及其相关业绩证明材料(业绩证明材料必须体现公路等级及主要工程内容)的彩色扫描件,业绩证明应能清楚显示从业人员姓名及任职起讫时间,由第三方(发包人或质量监督机构)出具,否则,不予认定。

2.本表后应附投标人所属社保机构出具的拟委任的项目经理(以及备选人)、项目总工(以及备选人)、财务负责人(以及备选人)及试验室主任(以及备选人)的社保缴费证明(加盖缴费证明专用章)或其他能够证明拟委任的项目经理(以及备选人)、项目总工(以及备选人)、财务负责人(以及备选人)及试验室主任(以及备选人)参加社保的有效证明材料彩色扫描件(加盖社保机构单位章)。

3.目前未在具体项目上任职的,请在备注栏说明现在负责的工作内容。

4.本表所填报的类似工作经验年限不得低于相应资格审查条件(项目经理、项目总工、财务负责人及试验室主任最低要求)中要求的类似工程经验年限。

附录 E

公路工程监理单位工程用表及附件

附件 1　已开工分项工程月报表(GL02-19-1)
附件 2　工程进度月报表(GL02-19-2)
附件 3　施工单位进出场人员月报表(GL02-19-3)
附件 4　施工单位主要原材料进场情况月报表(GL02-19-4)
附件 5　施工单位主要机械设备与进场情况月报表(GL02-19-5)
附件 6　施工单位试验、测量仪器设备进场情况月报表(GL02-19-6)
附件 7　施工单位试验工作月报表(GL02-19-7)
附件 8　施工单位现场自检月报表(GL02-19-8)
附件 9　监理抽样试验工作月报表(GL02-19-9)
附件 10　监理工序检查检测月报表(GL02-19-10)
附件 11　监理文件发放月报表(GL02-19-11)
附件 12　工程支付月报表(GL02-19-12)
附件 13　工程变更项目月报表(GL02-19-13)
附件 14　延期索赔项目月报表(GL02-19-14)
附件 15　主要人员、设备考核表(GL02-19-15)

附件 1

已开工分项工程月报表(GL02-19-1)

编号：

序号	已开工分项工程名称(具体到桩号部位)	专业监理工程师姓名	监理助理姓名	开 工 日 期	完 工 日 期

监理单位：　　　　编制：　　　　驻地监理工程师：　　　　年　　月　　日

附件 2

工程进度月报表(GL02-19-2)

编号：

项次	项目内容	单位	总工程量	本月计划		本月完成		累计完成		备注
				工程量	百分比	工程量	百分比	工程量	百分比	

监理单位：　　　　编制：　　　　驻地监理工程师：　　　　年　月　日

附件 3

施工单位进出场人员月报表(GL02-19-3)

施工单位：　　　　　　　　　　　　　　　　　　　　编号：

施工单位	管理人员	技术人员			试验及检测人员				服务人员	技术工人	普工	合计
		高级	中级	初级	高级	中级	初级	上岗证持有者				

监理单位：　　　　　编制：　　　　　驻地监理工程师：　　　　　年　月　日

附件 4

施工单位主要原材料进场情况月报表（GL02-19-4）

施工单位：　　　　　　　　　　　　　　　　　　编号：

序号	材料名称	用途	单位	总用量	本月进场量	本月使用量	存在问题

监理单位：　　　　编制：　　　　驻地监理工程师：　　　　年　月　日

附件 5

施工单位主要机械设备与进场情况月报表（GL02-19-5）

施工单位：　　　　　　　　　　　　　　　　　　　　　　编号：

序号	名　　称	型号或规格	生产能力	本月实有数量	本月实际工作台班数	下月需要工作台班数	下月需要增加的数量	备　　注

监理单位：　　　　　　　　编制：　　　　　　　　驻地监理工程师：　　　　　　　　年　　月　　日

附件 6

施工单位试验、测量仪器设备进场情况月报表（GL02-19-6）

施工单位：　　　　　　　　　　　　　　　　　　　　　　　　　　　　编号：

序号	名　称	型号或规格	单　位	现有数量	新旧程度	下月计划 新增数量	备　注

监理单位：　　　　　　编制：　　　　　　驻地监理工程师：　　　　　　年　　月　　日

附件7

施工单位试验工作月报表(GL02-19-7)

施工单位： 编号：

试验项目名称	本月试验次数	累计试验次数	本月自检合格率	试验内业资料是否齐全，监理签字是否齐全(画×或√)	存在问题
各种原材料试验					
混凝土强度试验					
净浆强度试验					
工艺控制试验 (如坍落度等)					
混凝土配合比设计 (C25)					
混凝土配合比设计 (C30)					
混凝土配合比设计 (C40)					
混凝土配合比设计 (C50)					
净浆配合比设计 (M50)					
砂浆配合比设计 (M7.5)					

监理单位： 编制： 驻地监理工程师： 年 月 日

附件 8

施工单位现场自检月报表(GL02-19-8)

施工单位：　　　　　　　　　　　　　　　　　　　　　　　　　　编号：

检测项目名称 (检测方法不同要分开)	检测代表范围 (桩号、部位或性质)	本月自检次数	累计自检次数	本月检测合格率	存在问题

监理单位：　　　　　　编制：　　　　　　驻地监理工程师：　　　　　　　　年　　月　　日

附件 9

监理抽样试验工作月报表(GL02-19-9)

编号:

试验项目名称		本月试验总次数	累计试验次数	本月抽样是施工自检频率的百分数	本月抽样合格率	内业资料是否齐全(画×或√)	存在问题
各种原材料试验							
混凝土强度试验							
净浆强度							
工艺控制试验(如坍落度等)							
土工标准击实试验							
混凝土配合比设计(分强度等级)	C25						
	C30						
	C40						
	C50						
	净浆配合比设计						
砂浆配合比(M7.5)							

监理单位: 编制: 驻地监理工程师: 年 月 日

附件 10

监理工序检查检测月报表（GL02-19-10）

编号：

抽查工程项目	累计抽查总点数	本月抽查总点数	本月合格点数	本月合格率	备　注
路基填方					
路基挖方					
通道填方					
涵洞填方					
桥梁工程					
墩（台）柱					
梁板预制					

监理单位：　　编制：　　驻地监理工程师：　　年　月　日

附件 11

监理文件发放月报表（GL02-19-11）

编号：

项次	文件（通知、指令）编号	文件（通知、指令）名称	文件（通知、指令）内容简述	文件（通知、指令）发出日期	处理结果

监理单位：　　　　编制：　　　　驻地监理工程师：　　　　年　月　日

附件 12

工程支付月报表（GL02-19-12）

编号：

施工单位全称	总价（合同价+变更价）	到上期末累计已支付金额	本月完成金额	本月应扣除的预付款	监理建议本月支付金额	到本期末累计支付金额
合计	工程总价					
	预付款					

监理单位：　　　　编制：　　　　驻地监理工程师：　　　　年　月　日

附件 13

工程变更项目月报表(GL02-19-13)

编号：

合同段号	变更项目	申报变更			审批变更			备注
		时间	文号	金额	时间	文号	金额	

注：增加金额为(+)，减少金额为(-)。

监理单位：　　　　编制：　　　　驻地监理工程师：　　　　年　　月　　日

附件 14

延期索赔项目月报表（GL02-19-14）

编号：

合同段号	索赔事件简述	申报索赔				审批索赔				备　注
		时间	文号	费用	工期	时间	文号	费用	工期	

监理单位：　　　　编制：　　　　驻地监理工程师：　　　　年　　月　　日

附件 15

主要人员、设备考核表(GL02-19-15)

编号：

日　期	驻　地　办					施　工　单　位					
	人员			车辆		项目经理			总工		
	姓名	分工	出勤情况(画×或√)	车型	出勤情况(画×或√)	姓名	标段	出勤情况(画×或√)	姓名	标段	出勤情况(画×或√)

监理单位：　　　　编制：　　　　驻地监理工程师：　　　　年　　月　　日

附录 F

公路工程项目首件工程认可表

A 类 工 程 样 表

合同段：________________　　　　编号：________________

<table>
<tr><td>单位工程名称</td><td></td><td>里程桩号</td><td></td></tr>
<tr><td>分部工程名称</td><td></td><td>里程桩号</td><td></td></tr>
<tr><td>分项工程名称</td><td></td><td>里程桩号</td><td></td></tr>
<tr><td>首件工程名称</td><td></td><td>桩号或部位</td><td></td></tr>
<tr><td colspan="4">驻地办审查意见：

驻地工程师：
年　月　日</td></tr>
<tr><td colspan="4">总监办签发意见：

签发(盖章)：
年　月　日</td></tr>
</table>

注：适合于 A 类工程样表的工程有路基工程(新旧路基连接)、桥梁工程(墩台身、梁板预制与安装)、路面工程(基层、上面层)、交通工程(防撞护栏)。

B 类 工 程 样 表

合同段：__________　　　　　　　　　　　　编号：__________

<table>
<tr><td>单位工程名称</td><td></td><td>里程桩号</td><td></td></tr>
<tr><td>分部工程名称</td><td></td><td>里程桩号</td><td></td></tr>
<tr><td>分项工程名称</td><td></td><td>里程桩号</td><td></td></tr>
<tr><td>首件工程名称</td><td></td><td>桩号或部位</td><td></td></tr>
<tr><td colspan="4">合同段自查意见：

合同段(盖章)：
年　月　日</td></tr>
<tr><td colspan="4">驻地办分项工程交验小组检查意见：

签字：
年　月　日</td></tr>
<tr><td colspan="4">签发意见：

驻地办(盖章)：
签发：
年　月　日</td></tr>
</table>

注：适合于 B 类工程样表的工程有路基工程(软基处理、冻土处理、结构物台背回填、路基填筑)、桥梁工程(基础、桥面铺装及凿毛、防水层、防撞护栏、伸缩缝安装、橡胶支座安装)、路面工程(底基层、沥青混凝土下面层)、防护工程(护坡)、排水工程(排水沟)、交通工程(标志、标线)。

附录 G

公路工程计量支付表

项目第____期计量支付汇总表(　　年　月　日至　　年　月　日)

填报单位(盖章):　　　　　　　　审查单位(盖章):

标段划分	中标单位	工作内容	合同签订情况(元)						工程完成情况(元)			工程价款结算情况(元)						
			原签合同				变更设计追加合同	合计	上期末累计计量数	本期计量数	本期累计计量数	本期预付款	本期累计预付款	本期扣预付款	本期累计扣预付款	本期扣质保金	本期累计扣质保金	本期应拨款
			原签合同(不含暂定金、专项暂定金)	暂定金	专项暂定金	小计												
			1	2	3	4(=1+2+3)	5	6(=1+3+5)	7	8	9(=7+8)	10	11	12	13	14	15	16(=8+10-12-14)
一、施工合同																		
……																		
小计																		
二、监理合同																		
……																		
小计																		
三、前期合同																		
1. 设计合同																		
2. 咨询费																		
3. 环评、水保合同																		
4. 可研合同																		
……																		
小计																		

续上表

标段划分	中标单位	工作内容	合同签订情况（元）						工程完成情况（元）			工程价款结算情况（元）						
			原签合同				变更设计追加合同	合计	上期末累计计量数	本期计量数	本期累计计量数	本期预付款	本期累计预付款	本期扣预付款	本期累计扣预付款	本期扣质保金	本期累计扣质保金	本期应拨款
			原签合同（不含暂定金、专项暂定金）	暂定金	专项暂定金	小计												
			1	2	3	4（=1+2+3）	5	6（=1+3+5）	7	8	9（=7+8）	10	11	12	13	14	15	16（=8+10−12−14）
四、技术服务合同																		
……																		
小计																		
五、设备采购合同																		
……																		
小计																		
六、征拆合同																		
……																		
小计																		
七、科研项目																		
八、建设单位管理费																		
九、建设期贷款利息																		
……																		
合计																		

填表说明：建设单位应根据项目实际情况增加有关内容。

填报人：　　　　审核人：　　　　联系电话：

附录 H

公路建设项目文件材料立卷归档管理办法

交办发〔2010〕382 号

第一章　总　　则

第一条　为规范公路建设项目文件材料立卷归档工作，保证项目档案质量，更好地为公路建设事业服务，根据《科学技术档案工作条例》、《科学技术档案案卷构成的一般要求》（GB/T 11822—2008）、《国家重大建设项目文件归档要求与档案整理规范》（DA/T 28—2002）、《公路建设监督管理办法》、《交通档案管理办法》等有关规定，制定本办法。

第二条　本办法适用于新建、改建和扩建公路建设项目文件材料立卷归档管理工作。

第三条　本办法所称公路建设项目文件材料，是指自项目立项审批（核准）至竣工验收全过程产生的，反映项目质量、进度、费用和安全管理基本情况，对建成后工程管理、维护、改建和扩建具有保存、查考利用价值的各种不同载体形式的历史记录。

本办法所称公路建设项目档案，是指按照项目档案组卷要求，经系统整理并归档的公路建设项目文件材料。

第二章　公路建设项目文件材料立卷归档工作组织与职责

第四条　各级交通运输主管部门根据统一领导、分级负责的原则，依法对所辖区域内公路建设项目文件材料立卷归档工作进行管理，同时接受公路建设项目所在地上级及同级档案行政管理部门的监督和指导。

第五条　公路建设项目档案工作实行项目法人负责制。项目法人单位负责做好本单位形成的公路建设项目文件材料的收集、整理和归档工作，承担各参建单位项目文件材料收集归档工作的组织、协调和监督、指导等管理职责；将项目文件材料立卷归档工作纳入工程建设管理程序、纳入招投标制，与工程建设同步收集、同步整理、同步归档，保证项目文件材料收集、立卷、归档的及时、准确、完整、系统和安全。

第六条　项目竣工文件材料立卷归档工作应纳入工程合同管理，纳入监理工作内容，按照“谁形成谁负责”的原则，由文件材料的形成单位或部门负责，不得委托他人。

项目监理单位应负责对施工单位竣工文件材料形成、收集和整理归档工作进行监督、检查，在交工验收前向项目法人单位提交项目档案质量审核意见。

第七条　各参建单位应配备具有相关工程专业知识、能够适应项目文件材料立卷归档工作需要的专职档案管理人员，并保持其稳定性；明确本单位有关岗位和人员项目文件材料收集归档的职责和要求；按规定做好项目文件材料的立卷归档和移交工作。

第三章　公路建设项目文件材料的收集

第八条　公路建设项目文件材料具体收集范围按照交通运输部《关于印发公路工程竣交工验收办法实施细则的通知》（交公路发〔2010〕65 号）中附件 2《公路工程项目文件归档范围》的规定执行。

已经实行计算机辅助项目管理的，电子文件须与纸质文件同步归档；在与设计单位签订合同时，应对电子版设计文件归档提出明确要求；如无条件形成电子文件的，对利用率高的竣工文件，可采取图像扫描或缩微方式，进行档案复制。

第九条　公路建设项目各阶段文件收集归档责任分工按照本办法附件 1《公路建设项目文件材料收

集归档单位》执行。

第十条　各有关单位应按照收集归档责任分工,建立健全项目文件材料收集归档制度和预立卷制度,按照公路建设项目建设程序的不同阶段文件材料产生的自然过程,分别做好预立卷工作。

第十一条　收集归档的项目文件材料应为原件。其中,项目立项审批等文件,原件保存在项目主管单位的,项目法人可将复印件归档保存;供货商提供的原材料及产品质量保证文件为复印件的,须在复印件上加盖销售单位印章并注明原件存放处后归档保存;热敏纸传真件,需复印保存。复印件应清晰。

第十二条　收集归档的项目文件材料应能全面、准确地反映工程建设的实际过程。勘察及测量基础资料、施工记录须是现场原始记录,如需清稿,须将原始记录与清稿后的记录文件一并归档保存;表单填写内容规范,产生及使用部位标注清楚,相关签署手续完备,且为相关责任人亲笔签名。

第十三条　项目文件材料应书写工整,字迹、线条清晰,修改规范;纸张优良,规格基本统一,小于A4纸规格的出厂证明、材质合格证等应粘贴在A4纸上;书写材料应符合耐久性要求。

第十四条　数码照片应刻录在不可擦写光盘上保存,同时还须冲印出6英寸纸质照片与说明一并整理归档;照片档案的整理应符合国家档案局《照片档案管理规范》(GB/T 11821—2002)要求。

第十五条　电子文件及纸质文件数字化的形成和保存应符合国家档案局《电子文件归档与管理规范》(GB/T 18994—2002)、《CAD电子文件光盘存储、归档与档案管理要求》(GB/T 17678.1—1999)和《纸质档案数字化技术规范》(DA/T 31—2005)的要求。

第十六条　竣工图编制要求:

(一)竣工图由施工单位负责编制。编制完成的竣工图应由编制单位逐张加盖竣工图章并签署,经监理审核签字认可;如项目法人指定由设计单位编制或施工单位委托设计单位编制的,应明确施工单位和监理单位的审核及签字认可责任。

(二)竣工图应能全面、准确、清晰地反映项目竣工时的实际情况。竣工图编制说明应能充分体现已完工项目的建设过程和完工时的实际情况,包括主要建设内容、完成工程量、执行的规范标准、主要施工方案、采用的新技术新工艺新材料、特殊问题的处理、施工图的版本、变更情况以及修改完善情况、完工时间等。

(三)一般性变更及符合杠改或划改要求的,可在原施工图上修改,要注明修改依据,并加盖竣工图章作为竣工图;凡结构、工艺、平面布置等重大变更及图面变更面积超过10%的,须重新绘制竣工图;重新绘制竣工图的图签如能全面反映施工和监理单位签署情况的,可不另加盖竣工图章。重绘竣工图纸在原施工图号前加"竣"字。

(四)同一构筑物、建筑物重复使用的标准图、通用图可不编入竣工图中,但应在图纸目录中列出图号,指明该图所在位置并在编制说明中注明;不同构筑物、建筑物应分别编制。

第四章　公路建设项目文件材料的整理

第十七条　公路建设项目文件材料归档移交前,由文件材料形成单位,在项目文件材料预立卷的基础上,按照文件材料的自然形成过程并保持其内在有机联系,进行系统化整理组卷,要做到分类科学,便于保管和利用。合同段未完成项目档案整理的,项目法人单位不得组织交工验收。

(一)立项审批阶段文件材料根据审批事项内在联系分别整理组卷。

(二)勘察设计阶段文件材料按照设计的不同阶段和专业分别整理组卷。

(三)招投标及合同文件材料按照招投标工作程序和合同内容分别整理组卷。

(四)工程准备阶段文件材料按照审批事项及相关手续办理过程分别整理组卷。

(五)工程管理文件材料按照问题结合时间分别整理组卷。

(六)变更文件以合同段为单位,按照变更文件编号依次汇总整理组卷,并编制设计变更与修改后的竣工图档号对照一览表(见附件2《设计变更文件与竣工图档号对照一览表》)。

(七)计量支付报表与附件、计划进度报表按照合同段结合时间分别整理组卷。

(八)施工日志按照合同段结合时间集中整理组卷。

(九)施工文件材料:

1.原材料质量保证文件、配合比设计文件属单位(分部、分项)工程专用的,按单位(分部、分项)工程,分别集中整理组卷。除此之外,可以合同段为单位分别集中整理组卷。

2.施工原始文件,包括就工序施工质量控制问题印发的整改指令性文件及相关整改报告等,均应按照分项(分部、单位)工程,结合施工工序,归入相应部分分别整理组卷。

3.竣工图按照专业、图号分别整理组卷。

(十)监理文件:

1.监理管理文件以监理合同段为单位,按照依据性文件、合同管理文件、工程质量控制文件、安全管理文件、计划进度控制文件、费用控制文件等分别整理组卷。

2.平行试验及独立抽检的文件材料按照单位工程分别整理组卷。

3.旁站监理记录按施工合同段整理组卷。

4.监理日志按照监理机构和形成时间整理组卷。

(十一)工程试运行及竣工验收工作文件材料按照检测观测记录及报告、缺陷整改情况、各专项验收和竣工验收工作内容分别整理组卷。

第十八条 卷内文件材料系统化排列:

(一)立项审批文件按照批复、请示、相关审查及专家评审文件材料的顺序依次排列。

(二)设计审批文件按照批复、请示、相关审查及专家评审文件材料的顺序依次排列。

(三)工程准备阶段文件材料按照审批及相关手续办理程序依次进行排列。

(四)项目法人及监理就质量控制、计划进度控制、费用控制及安全管理等问题普发的文件材料,按照文件材料所反映问题的有机联系,结合重要程度依次进行排列。

(五)施工文件材料:

1.原材料质量保证文件按照原材料类别依次进行排列。

2.变更文件按照变更文件的文号顺序依次进行排列。

3.各单位、分部、分项工程质量评定表及汇总文件按照汇总及各单位、分部、分项工程评定工作程序依次进行排列。

4.按照分项(分部、单位)工程分别整理组卷的文件材料,依照分项(分部、单位)工程施工进程,结合施工工序顺序依次进行排列。

5.合同段交工验收文件按照交工验收证书、交工验收报告、质量监督机构出具的交工验收质量检测意见、各项工程总结依次进行排列。

6.竣工图按照专业结合图号依次进行排列。

7.设备安装及调试文件按照依据性、设备开箱验收、设备安装及调试、设备运行维护、随机文件等顺序依次进行排列。

(六)监理文件:

1.监理管理文件按照文件材料所反映问题的有机联系,结合重要程度依次进行排列。

2.旁站监理记录和平行试验及独立抽检文件材料按照单位、分部、分项工程依次进行排列。

3.监理日志按照监理机构和日志形成时间依次进行排列。

(七)计量支付文件与附件及计划进度报表以合同段为单位,按时间依次进行排列。

(八)试运行及竣工验收工作文件材料按照检测观测记录、车辆通行情况、缺陷整改落实情况及各专项验收和竣工验收工作程序依次进行排列。

第十九条 经系统化排列的卷内文件材料,双面书写的文件材料,在其正面右下角、背面左下角,单面书写的文件材料,在其正面右下角,用阿拉伯数字逐页编写页号。已装订成册的文件材料,如自成一卷的,不需重新编写页号,如与其他文件材料组成一卷的,该册文件材料排列在其他文件材料之后,并将其作为一份文件编写册号,不需重新编写页号。

第二十条　案卷由案卷卷盒、内封面、卷内目录、卷内文件材料及备考表(封底)组成,其格式均应符合《科学技术档案案卷构成的一般要求》(GB/T 11822—2008)。

第二十一条　卷盒正面及卷脊可只填写案卷的档号和立卷单位。(卷盒内装有若干卷案卷的,卷盒正面及卷脊应填写盒内案卷的起止档号)

第二十二条　内封面由下列内容构成:案卷题名、立卷单位、起止日期、保管期限、密级及档号。

案卷题名应能准确反映本案卷的基本内容,包括公路建设项目名称、起讫里程、分项(分部、单位)工程名称及文件材料名称。

立卷单位指案卷的组卷单位或部门。

起止日期指本案卷内文件形成的最早和最晚的时间——年、月、日(年度应填写四位数字)。

保管期限填写划定的保管期限。保管期限分为永久、30 年、10 年三种。应根据项目的实际情况、项目文件材料的特性及利用价值,分别确定案卷的保管期限。

密级根据国家及交通运输部有关保密规定确定并填写。

第二十三条　卷内目录由下列项目组成:

(一)序号,按照文件排列顺序,用阿拉伯数字从 1 起依次标注。

(二)文件编号,填写文件材料的原始编号或图号。

(三)责任者,填写文件材料的形成单位或主要形成单位。属原材料报验和工序报验文件,责任者应填写施工单位和监理单位。

(四)文件题名,填写卷内文件材料标题的全称,没有标题或标题不能说明文件材料内容的,应自拟标题,并加[ ]符号。案卷内每份独立成件及单独办理报验和批准手续形成的文件材料,均应逐件填写文件标题。

(五)日期,填写文件材料形成最终日期。

(六)页次,填写每份文件材料首页上标注的页号,最后一份文件标注起止页号;属已装订成册的文件材料,在卷内文件目录页次栏中填写册数,并在备注栏中注明累计总页数。

(七)备注,填写需注明的情况。

卷内目录需纸质目录及电子目录各一份。

第二十四条　备考表中须注明本案卷组卷情况及本案卷包含文件份数;说明复印件归档原因和原件存放地;立卷人指案卷组卷人员,检查人应为部门或项目技术负责人及监理。

第二十五条　公路建设项目档案除监图及成册文件材料外,按照三孔一线方式进行装订。装订前,应去除塑胶、塑封、塑膜、胶圈等易老化腐蚀纸张的封面或装订材料。

不装订的图纸及成册文件材料,每份需加盖档号章。档号章内容包括该份文件材料所在案卷的档号和本案卷中所在页次(档号章式样见附件 3《档号章式样》)。

第二十六条　案卷系统化排列及编号:

案卷的编制单位应按工程进展的自然过程,对已经整理好的案卷进行系统化排列,并用铅笔在封面及卷脊编写案卷流水号。其中,施工单位应对本合同段形成的案卷,按照其自然形成过程,依照路线进行方向,结合单位工程排列顺序依次进行排列。监理单位按照监理工作程序,以合同段为单位,对形成的案卷进行系统化排列。

第二十七条　案卷目录的编制:

经系统化排列和编号的案卷须编制案卷目录一式二份(含电子版),其格式应符合《科学技术档案案卷构成的一般要求》(GB/T 11822—2008)。

第五章　公路建设项目档案的移交与汇总整理

第二十八条　公路建设项目各承包单位应在合同段交工验收前,将已经系统化整理的项目档案连同案卷目录(含电子版目录)和案卷编制说明,经项目法人单位和监理检查合格后,移交项目法人单位,并按规定办理移交手续。

案卷编制说明内容包括本合同段项目建设内容、档案整理执行的标准、项目档案整理情况及案卷数量、竣工图编制质量及其他需要说明的问题。

移交项目档案套数由项目法人单位根据实际需要确定,并在合同中明确。

第二十九条　项目法人单位负责对接收的全部项目档案进行系统化整理和排列。案卷排列顺序按照立项审批、设计、工程准备、施工、交工、竣工等不同阶段依次进行汇总整理和排列。其中施工阶段案卷按照项目法人单位、施工单位及监理单位形成的案卷分别进行汇总、整理和排列;施工单位和监理单位形成的案卷,依路线进行方向,以合同段为单位依次进行汇总整理和排列。

招投标、合同及计量支付、计划进度报表类档案可单独整理和编目。

第三十条　档号的编制:

档号由项目法人单位或档案接收单位编制。档号应简单、清晰。

第三十一条　案卷总目录的编制:

项目法人单位负责对经系统化整理和排列的所有案卷汇总编制案卷总目录(含电子版)及项目档案整理情况说明。说明内容包括项目立项审批及初步设计审批情况、建设规模及主要建设内容、项目档案整理执行的标准、项目档案整理情况及案卷数量、项目档案运用计算机管理情况及其他需要说明的情况。

第三十二条　项目法人单位应在项目通过竣工验收3个月内,按照有关规定向有关单位办理项目档案移交手续。

第六章　附　　则

第三十三条　本办法由交通运输部负责解释。

第三十四条　高速公路大修项目文件材料立卷归档工作可参照本办法。

第三十五条　本办法自印发之日起实行。2001年6月13日交通部办公厅印发的《公路工程竣工文件材料立卷归档管理办法》(交办发〔2001〕390号)同时废止。

附件 1

公路建设项目文件材料收集归档单位

序号	归档文件材料	归 档 单 位
立项审批		
1	项目建议书及审批文件	项目法人
2	可行性研究报告及审批(核准)文件	项目法人
3	可行性研究报告的评估及行业主管部门对可行性研究报告的审查意见	项目法人
4	专家对可行性研究报告的评审文件	项目法人
5	环境影响评价报告书及批复	项目法人
6	项目用地预审意见	项目法人
7	水土保持方案及审批文件	项目法人
8	文物调查、保护、矿产资源调查等文件	项目法人
9	其他文件材料	项目法人
设计审批		
1	初步设计文件及审批文件、专家审查意见及审查会议纪要	项目法人
2	施工图设计文件及审批文件	项目法人
3	工程勘测、设计基础资料	项目法人
工程准备		
1	建设用地选址意见及红线图	项目法人
2	建设用地申请及批复	项目法人
3	占地图及土地使用证	项目法人
4	征地拆迁批文、合同、协议、征用土地数量一览表、拆迁数量一览表	项目法人
5	供电、供水、通信、排水等协议	项目法人
6	施工许可批准文件	项目法人
7	质量监督申请书及质量监督通知书	项目法人
8	建设前原始地形、地貌状况图、照片	项目法人
施工文件		
1	工程管理文件	
1.1	项目法人就工程质量、安全、进度、费用控制管理文件	
	普发性	项目法人
	针对性	有关单位
1.2	质量监督机构印发的质量监督相关文件	项目法人
1.3	监理单位就工程质量、安全、进度、费用控制与项目法人的来往文件	监理单位
1.4	监理单位就工程质量、安全、进度、费用控制与施工单位的来往文件	施工单位
1.5	施工单位就工程质量、安全、进度、费用控制与项目法人的来往文件	施工单位
1.6	项目法人组织召开的工地例会、专题会议纪要	

续上表

序号	归档文件材料	归 档 单 位
	例会性	项目法人
	专题性	有关单位
1.7	监理组织召开的工地例会及专题会议纪要	
	例会性	监理单位
	专题性	有关单位
1.8	计划进度报表	项目法人
2	施工准备文件	
2.1	合同段开工申请及批准文件（含施工组织设计方案）	施工单位
2.2	技术交底、图纸会审纪要	施工单位
2.3	开工前的交接桩记录、控制点的复测、施工控制点的加密工程定位（水准点、基准点、导线点）测量、复核记录	施工单位
3	施工质量控制文件	
3.1	工程及设计变更	施工单位
3.2	施工日志、大事记	施工单位
3.3	永久性水准点坐标图、建筑物坐标高程测量记录	施工单位
3.4	沉降、位移观测记录、桥梁荷载试验报告、桥梁基础检验汇总资料	施工单位
3.5	各项标准及工艺试验资料	施工单位
3.6	工地试验室管理文件	施工单位
3.7	原材料（产品）质量保证文件	
3.7.1	各种原材料、半成品、成品、混凝土预制件合格证及抽检、试验记录	施工单位
3.7.2	产品、设备说明书、合格证及检验报告、质量鉴定报告	施工单位
3.8	单位、分部、分项工程质量评定文件	施工单位
3.9	施工原始文件	
3.9.1	单位、分部、分项工程开工批准文件	施工单位
3.9.2	各工序施工记录、试验、检测及报验文件	施工单位
3.9.3	隐蔽工程验收记录	施工单位
3.9.4	混凝土配合比设计报告、配料单	施工单位
3.9.5	砂浆强度、混凝土强度、焊接、压实度、弯沉等试验检测报告及汇总表	施工单位
3.9.6	预应力张拉、压浆检查记录	施工单位
3.9.7	桩基检测报告	施工单位
3.9.8	机电、监控设备安装调试及性能考核记录	施工单位
3.9.9	桥隧工程风险评估报告、专项施工技术方案	施工单位
3.9.10	事故情况及调查处理报告、补救后达到要求的认可证明文件	施工单位
3.9.11	施工中遇到非正常情况记录、处理方案及观察记录，对工程质量影响分析	施工单位
4	竣工图	施工单位
5	监理文件	

续上表

序号	归档文件材料	归档单位
5.1	监理大纲、规划、细则及批复、监理日志、备忘录	监理单位
5.2	旁站监理记录、平行试验及独立抽检文件材料	监理单位
6	科研	
6.1	课题报告、任务书及批准文件	项目法人
6.2	研究方案	项目法人
6.3	试验记录、分析计算数据	项目法人
6.4	专家评审及技术鉴定报告	项目法人
7	经批准的新技术应用资料	项目法人
8	声像资料	
8.1	重大活动、重大事故处理	有关单位
8.2	隐蔽工程、关键工序、桥梁隧道等结构物重点部位施工	有关单位
9	其他	有关单位
交、竣工验收		
1	交、竣工验收文件	项目法人
2	建设、设计、施工、监理单位工作报告	项目法人
3	质量监督机构出具的交工验收质量检测意见	项目法人
4	质量监督机构出具的竣工验收质量鉴定报告	项目法人
5	质量监督机构质量监督报告	项目法人
6	试运行记录、检测、观测记录及成果报告、缺陷整改文件材料	项目法人
7	单项验收文件	项目法人
8	接管养单位项目使用情况报告	项目法人
9	其他	项目法人
工程招投标及合同文件		
1	招标文件	项目法人
2	投标文件	项目法人
3	评标文件	项目法人
4	中标通知书	项目法人
5	工程合同	项目法人
资金管理		
1	支付报表	项目法人
2	决算及决算审计	项目法人
其　他		项目法人

附件 2

设计变更文件与竣工图档号对照一览表

序号	变 更 内 容	变更依据文件文号	所在案卷号	对应竣工图号	所在案卷号

附件 3

档号章式样

单位为毫米。

附录Ⅰ

国务院办公厅关于全面治理拖欠农民工工资问题的意见

国办发〔2016〕1号

各省、自治区、直辖市人民政府，国务院各部委、各直属机构：

解决拖欠农民工工资问题，事关广大农民工切身利益，事关社会公平正义和社会和谐稳定。党中央、国务院历来高度重视，先后出台了一系列政策措施，各地区、各有关部门加大工作力度，经过多年治理取得了明显成效。但也要看到，这一问题尚未得到根本解决，部分行业特别是工程建设领域拖欠工资问题仍较突出，一些政府投资工程项目不同程度存在拖欠农民工工资问题，严重侵害了农民工合法权益，由此引发的群体性事件时有发生，影响社会稳定。为全面治理拖欠农民工工资问题，经国务院同意，现提出如下意见：

一、总体要求

（一）指导思想。全面贯彻党的十八大和十八届二中、三中、四中、五中全会精神，按照“四个全面”战略布局和党中央、国务院决策部署，牢固树立并切实贯彻创新、协调、绿色、开放、共享的发展理念，紧紧围绕保护农民工劳动所得，坚持标本兼治、综合治理，着力规范工资支付行为、优化市场环境、强化监管责任，健全预防和解决拖欠农民工工资问题的长效机制，切实保障农民工劳动报酬权益，维护社会公平正义，促进社会和谐稳定。

（二）目标任务。以建筑市政、交通、水利等工程建设领域和劳动密集型加工制造、餐饮服务等易发生拖欠工资问题的行业为重点，健全源头预防、动态监管、失信惩戒相结合的制度保障体系，完善市场主体自律、政府依法监管、社会协同监督、司法联动惩处的工作体系。到2020年，形成制度完备、责任落实、监管有力的治理格局，使拖欠农民工工资问题得到根本遏制，努力实现基本无拖欠。

二、全面规范企业工资支付行为

（三）明确工资支付各方主体责任。全面落实企业对招用农民工的工资支付责任，督促各类企业严格依法将工资按月足额支付给农民工本人，严禁将工资发放给不具备用工主体资格的组织和个人。在工程建设领域，施工总承包企业（包括直接承包建设单位发包工程的专业承包企业，下同）对所承包工程项目的农民工工资支付负总责，分包企业（包括承包施工总承包企业发包工程的专业企业，下同）对所招用农民工的工资支付负直接责任，不得以工程款未到位等为由克扣或拖欠农民工工资，不得将合同应收工程款等经营风险转嫁给农民工。

（四）严格规范劳动用工管理。督促各类企业依法与招用的农民工签订劳动合同并严格履行，建立职工名册并办理劳动用工备案。在工程建设领域，坚持施工企业与农民工先签订劳动合同后进场施工，全面实行农民工实名制管理制度，建立劳动计酬手册，记录施工现场作业农民工的身份信息、劳动考勤、工资结算等信息，逐步实现信息化实名制管理。施工总承包企业要加强对分包企业劳动用工和工资发放的监督管理,在工程项目部配备劳资专管员,建立施工人员进出场登记制度和考勤计量、工资支付等管理台账,实时掌握施工现场用工及其工资支付情况,不得以包代管。施工总承包企业和分包企业应将经农民工本人签字确认的工资支付书面记录保存两年以上备查。

(五)推行银行代发工资制度。推动各类企业委托银行代发农民工工资。在工程建设领域,鼓励实行分包企业农民工工资委托施工总承包企业直接代发的办法。分包企业负责为招用的农民工申办银行个人工资账户并办理实名制工资支付银行卡,按月考核农民工工作量并编制工资支付表,经农民工本人签字确认后,交施工总承包企业委托银行通过其设立的农民工工资(劳务费)专用账户直接将工资划入农民工个人工资账户。

三、健全工资支付监控和保障制度

(六)完善企业工资支付监控机制。构建企业工资支付监控网络,依托基层劳动保障监察网格化、网络化管理平台的工作人员和基层工会组织设立的劳动法律监督员,对辖区内企业工资支付情况实行日常监管,对发生过拖欠工资的企业实行重点监控并要求其定期申报。企业确因生产经营困难等原因需要延期支付农民工工资的,应及时向当地人力资源社会保障部门、工会组织报告。建立和完善欠薪预警系统,根据工商、税务、银行、水电供应等单位反映的企业生产经营状况相关指标变化情况,定期对重点行业企业进行综合分析研判,发现欠薪隐患要及时预警并做好防范工作。

(七)完善工资保证金制度。在建筑市政、交通、水利等工程建设领域全面实行工资保证金制度,逐步将实施范围扩大到其他易发生拖欠工资的行业。建立工资保证金差异化缴存办法,对一定时期内未发生工资拖欠的企业实行减免措施、发生工资拖欠的企业适当提高缴存比例。严格规范工资保证金动用和退还办法。探索推行业主担保、银行保函等第三方担保制度,积极引入商业保险机制,保障农民工工资支付。

(八)建立健全农民工工资(劳务费)专用账户管理制度。在工程建设领域,实行人工费用与其他工程款分账管理制度,推动农民工工资与工程材料款等相分离。施工总承包企业应分解工程价款中的人工费用,在工程项目所在地银行开设农民工工资(劳务费)专用账户,专项用于支付农民工工资。建设单位应按照工程承包合同约定的比例或施工总承包企业提供的人工费用数额,将应付工程款中的人工费单独拨付到施工总承包企业开设的农民工工资(劳务费)专用账户。农民工工资(劳务费)专用账户应向人力资源社会保障部门和交通、水利等工程建设项目主管部门备案,并委托开户银行负责日常监管,确保专款专用。开户银行发现账户资金不足、被挪用等情况,应及时向人力资源社会保障部门和交通、水利等工程建设项目主管部门报告。

(九)落实清偿欠薪责任。招用农民工的企业承担直接清偿拖欠农民工工资的主体责任。在工程建设领域,建设单位或施工总承包企业未按合同约定及时划拨工程款,致使分包企业拖欠农民工工资的,由建设单位或施工总承包企业以未结清的工程款为限先行垫付农民工工资。建设单位或施工总承包企业将工程违法发包、转包或违法分包致使拖欠农民工工资的,由建设单位或施工总承包企业依法承担清偿责任。

四、推进企业工资支付诚信体系建设

(十)完善企业守法诚信管理制度。将劳动用工、工资支付情况作为企业诚信评价的重要依据,实行分类分级动态监管。建立拖欠工资企业“黑名单”制度,定期向社会公开有关信息。人力资源社会保障部门要建立企业拖欠工资等违法信息的归集、交换和更新机制,将查处的企业拖欠工资情况纳入人民银行企业征信系统、工商部门企业信用信息公示系统、住房城乡建设等行业主管部门诚信信息平台或政府公共信用信息服务平台。推进相关信用信息系统互联互通,实现对企业信用信息互认共享。

(十一)建立健全企业失信联合惩戒机制。加强对企业失信行为的部门协同监管和联合惩戒,对拖欠工资的失信企业,由有关部门在政府资金支持、政府采购、招投标、生产许可、履约担保、资质审核、融资贷款、市场准入、评优评先等方面依法依规予以限制，使失信企业在全国范围内“一处违法、处处受限”，提高企业失信违法成本。

五、依法处置拖欠工资案件

（十二）严厉查处拖欠工资行为。加强工资支付监察执法，扩大日常巡视检查和书面材料审查覆盖范围，推进劳动保障监察举报投诉案件省级联动处理机制建设，加大拖欠农民工工资举报投诉受理和案件查处力度。完善多部门联合治理机制，深入开展农民工工资支付情况专项检查。健全地区执法协作制度，加强跨区域案件执法协作。完善劳动保障监察行政执法与刑事司法衔接机制，健全劳动保障监察机构、公安机关、检察机关、审判机关间信息共享、案情通报、案件移送等制度，推动完善人民检察院立案监督和人民法院及时财产保全等制度。对恶意欠薪涉嫌犯罪的，依法移送司法机关追究刑事责任，切实发挥刑法对打击拒不支付劳动报酬犯罪行为的威慑作用。

（十三）及时处理欠薪争议案件。充分发挥基层劳动争议调解等组织的作用，引导农民工就地就近解决工资争议。劳动人事争议仲裁机构对农民工因拖欠工资申请仲裁的争议案件优先受理、优先开庭、及时裁决、快速结案。对集体欠薪争议或涉及金额较大的欠薪争议案件要挂牌督办。加强裁审衔接与工作协调，提高欠薪争议案件裁决效率。畅通申请渠道，依法及时为农民工讨薪提供法律服务和法律援助。

（十四）完善欠薪突发事件应急处置机制。健全应急预案，及时妥善处置因拖欠农民工工资引发的突发性、群体性事件。完善欠薪应急周转金制度，探索建立欠薪保障金制度，对企业一时难以解决拖欠工资或企业主欠薪逃匿的，及时动用应急周转金、欠薪保障金或通过其他渠道筹措资金，先行垫付部分工资或基本生活费，帮助解决被拖欠工资农民工的临时生活困难。对采取非法手段讨薪或以拖欠工资为名讨要工程款，构成违反治安管理行为的，要依法予以治安处罚；涉嫌犯罪的，依法移送司法机关追究刑事责任。

六、改进建设领域工程款支付管理和用工方式

（十五）加强建设资金监管。在工程建设领域推行工程款支付担保制度，采用经济手段约束建设单位履约行为，预防工程款拖欠。加强对政府投资工程项目的管理，对建设资金来源不落实的政府投资工程项目不予批准。政府投资项目一律不得以施工企业带资承包的方式进行建设，并严禁将带资承包有关内容写入工程承包合同及补充条款。

（十六）规范工程款支付和结算行为。全面推行施工过程结算，建设单位应按合同约定的计量周期或工程进度结算并支付工程款。工程竣工验收后，对建设单位未完成竣工结算或未按合同支付工程款且未明确剩余工程款支付计划的，探索建立建设项目抵押偿付制度，有效解决拖欠工程款问题。对长期拖欠工程款结算或拖欠工程款的建设单位，有关部门不得批准其新项目开工建设。

（十七）改革工程建设领域用工方式。加快培育建筑产业工人队伍，推进农民工组织化进程。鼓励施工企业将一部分技能水平高的农民工招用为自有工人，不断扩大自有工人队伍。引导具备条件的劳务作业班组向专业企业发展。

（十八）实行施工现场维权信息公示制度。施工总承包企业负责在施工现场醒目位置设立维权信息告示牌，明示业主单位、施工总承包企业及所在项目部、分包企业、行业监管部门等基本信息；明示劳动用工相关法律法规、当地最低工资标准、工资支付日期等信息；明示属地行业监管部门投诉举报电话和劳动争议调解仲裁、劳动保障监察投诉举报电话等信息，实现所有施工场地全覆盖。

七、加强组织领导

（十九）落实属地监管责任。按照属地管理、分级负责、谁主管谁负责的原则，完善并落实解决拖欠农民工工资问题省级人民政府负总责，市（地）、县级人民政府具体负责的工作体制。完善目标责任制度，制定实施办法，将保障农民工工资支付纳入政府考核评价指标体系。建立定期督查制度，对拖欠农民工工资问题高发频发、举报投诉量大的地区及重大违法案件进行重点督查。健全问责制度，对监管责任不落实、组织工作不到位的，要严格责任追究。对政府投资工程项目拖欠工程款并引发拖欠农民工工资问题的，要追究项目负责人责任。

（二十）完善部门协调机制。健全解决企业工资拖欠问题部际联席会议制度，联席会议成员单位调整为人力资源社会保障部、发展改革委、公安部、司法部、财政部、住房城乡建设部、交通运输部、水利部、人民银行、国资委、工商总局、全国总工会，形成治理欠薪工作合力。地方各级人民政府要建立健全由政府负责人牵头、相关部门参与的工作协调机制。人力资源社会保障部门要加强组织协调和督促检查，加大劳动保障监察执法力度。住房城乡建设、交通运输、水利等部门要切实履行行业监管责任，规范工程建设市场秩序，督促企业落实劳务用工实名制管理等制度规定，负责督办因挂靠承包、违法分包、转包、拖欠工程款等造成的欠薪案件。发展改革等部门要加强对政府投资项目的审批管理，严格审查资金来源和筹措方式。财政部门要加强对政府投资项目建设全过程的资金监管，按规定及时拨付财政资金。其他相关部门要根据职责分工，积极做好保障农民工工资支付工作。

（二十一）加大普法宣传力度。发挥新闻媒体宣传引导和舆论监督作用，大力宣传劳动保障法律法规，依法公布典型违法案件，引导企业经营者增强依法用工、按时足额支付工资的法律意识，引导农民工依法理性维权。对重点行业企业，定期开展送法上门宣讲、组织法律培训等活动。充分利用互联网、微博、微信等现代传媒手段，不断创新宣传方式，增强宣传效果，营造保障农民工工资支付的良好舆论氛围。

（二十二）加强法治建设。健全保障农民工工资支付的法律制度，在总结相关行业有效做法和各地经验基础上，加快工资支付保障相关立法，为维护农民工劳动报酬权益提供法治保障。

国务院办公厅

2016 年 1 月 17 日